365日24時間一緒にいる私たちが仲良しの理由

とったび
（こんちゃん＆あーちゃん）

撮って笑って旅をして
youtube.com/c/twt2twt2

郵〒便
POST

郵〒便
POST

TRAVEL HOUSE CAMPING CAR
RAVEL HOUSE
RECARO
SOTO
GARMIN

DOD

index

KON CHAN

AKARI CHAN

PART 2 約1万7000kmの超遠距離恋愛

PART 3 撮って 笑って 旅をして

365 DAYS
24 HOURS

PART 4 1Kで暮らす私たちが幸せでいられる理由

はじめに

（あーちゃん担当）

こんにちは、初めまして。
とったびのあかりです。
まずはじめに、この本を手に取って下さり
ありがとうございます。
彼とお付きあいをして約5年、たしかに少し
変わった日々を送っているけれど、まさか
フォトエッセイになるとは思ってもいません
でした笑本編を読んで貰えばわかりますが、
本の出版だなんて、無縁な人生を歩んできた
ので本当に何が起こるかわからないものですね。
この本を見てくれている人はどんな人なんだ
ろう。いつもYouTubeを見てくれてい
る視聴者さんかな。もしかしたら私達のこと
を知らず、タイトルや写真を見て手に取って
くれた人かもしれない。

この本は写真家カップルである私達が撮りためてきたセルフポートレート（自撮り写真）の集大成になるフォトエッセイであり、今遠距離恋愛をしていて先が不安な人、恋人との将来を考えている人や同棲の悩み、ひとりを不安に思う人。そんないろんな不安を私達の一例を基に、少しでも心を軽くできたり、勇気や希望を持ってもらえるように願いを込めて作成した一冊です。

私達自身、いつも手探りでいろんなことを乗り越えてきました。だから必ずこれが正解！みたいなのはわからないし、ないと思うから導くようなことはできないけれど、一緒に考えていきたい。そんなスタンスです。

えーと堅苦しく書いてきましたが結局何が言いたいかっていうと、みんなで幸せになろうね！！！！（語彙力）

365 DAYS

24 HOURS

TAKE, LAUGH, TRAVEL

PART 1

ふたりをつないだ
笑顔の写真

KON CHAN

こんちゃんのお話

人生初めての一人旅へ

これは、僕があーちゃんと出会う前の話。2011年。大学生の頃、僕の趣味はバイト代で買った一眼レフで風景写真を撮ることだった。平凡だった僕が人生で最もハマった「写真」という趣味。でも、この頃の僕には「写真」を仕事にしようとは思えず…。もちろん、なれたらいいよね！とは思っていたけど…。でも、当時の僕にはまだ好きなことを仕事にするという覚悟もなければ、自信も勇気もない。そんなどこにでもいるような普通の大学生だったから、「写真家」になるなんて大きすぎる夢だと思ってた。

いよいよ大学3年生の春になり、まわりの友だちが就職活動を始める中、僕が考えていたのは「なんとなくこのまま就職して、面白みのない人生を過ごしていくんだろうなぁ」ってことくらい。社会人になって、生きるために仕事をして、たまの休みにカメラを持って写真を撮る…自分の進む道にはそんな未来が待っているんじゃないかな〜なんて思ってた。

だけど、僕はこのときふと自分の将来に不安を感じてしまった…‼　仕事を始めたら今よりも自由な時間がなくなることは目に見えていて、写真を撮るという趣味を満喫できるのはきっと今が最後だ！　それなら、大学生活最後の思い出作りのために撮って、撮って、撮りまくってやる‼　そんな気持ちで、僕は大学3年生の夏休みに、日本の絶景を写真に収める旅に出ることにした。ノリと勢いで決めたけど、こんなこと出来るのは今しかない‼

でも、なんといってもお金がない(泣)。だけど、大学生の夏休みなんて、少しでも気を抜いたらあっという間に過ぎ去ってしまう…ええい！　ままよ‼　きっちり計画を立てることはやめて、当時バイトをして貯めていたお金だけを持って、とりあえず軽自動車で車中泊しながら西日本を一周することに決めた。

KON CHAN

こんちゃんのお話

価値観の変わる出会い

西日本を車でまわっていく旅は、充実した幸せな時間だった。たくさん写真を撮れることはもちろん、それ以上に初めての一人旅がこんなに楽しいだなんて思いもしなかった。山口県で迷子になったときに老夫婦に助けてもらったり、徳島県では同じように旅をしている大学生に出会って夜通し語り合うこともあった。お金がなかった僕は、ゲストハウスや安宿で泊まることが多かったけど、そういう場所で出会う人との会話はとにかく面白かった。LGBTの人、マジシャンや路上ミュージシャン、仕事を辞めて日本一周してる人、ひたむきに夢を追う人…。大学生活だけでは出会えないような人たちと話すと、自分の将来についても考える時間が増えていった。「人生は自由でいいんだ!」なんてそれまでは、考えもしなかった。旅を通していろんな人の価値観を知る

ことができたことが、僕の人生を変えていった。

そんな西日本の旅で、ヒッチハイクで旅している男の子に出会った。当時の僕は、「ヒッチハイクで旅をするなんてテレビ番組くらいでしょ」と思っていたから、実際に発見したときは「本当にいるんや！ まじか‼」と驚いた。その子の話が、またとてつもなく面白い！ その子が話してくれる各地で出会った人との思い出を聞いているうちに、俺にもヒッチハイク出来るのかな…なんて思った。自分一人で始めるのは勇気がいるけど、実際に旅している人がいると思えば、不思議と僕にもできそうな気がする。よし、やるぞ！ おらワクワクすっぞ！

旅に出る前は、自分の将来が一本道にしか見えていなかったのに、家に戻る頃には自分の前にたくさんの道が枝分かれしているように感じた。ただ、このときの僕には就職について考えるよりも、ヒッチハイクで旅をすることが最優先！ 猪突猛進型の僕はそのための準備に取り掛かった。いくぞおおぉおお！！！！

こんちゃんのお話

ヒッチハイクで日本一周

ヒッチハイクで日本一周の旅に出ると言ったものの、当時の僕は大学4年生。長期の旅に出てしまったら、その間の単位が取れず留年の危機に…。でもヒッチハイクしたい…‼　そう思った僕は、とりあえず卒業単位に足りる授業をガッツリ取ることにした。単位さえ取っておけば、後は卒論を提出するギリギリまで旅ができる！　あとはお金だ。出来る限り授業の合間をぬってバイトするしかない…！　やるぞ…やってやる‼　…結局のところ、単位を詰めすぎて10万円ほどしか貯められなかった。少なっ…。でも、移動手段はヒッチハイク。夜は野宿すれば宿泊費は0円。毎日食パンにマヨネーズ生活なら今ある10万円で何とかなる（多分）。そんな貧乏旅が確定しても楽しみで仕方なかった。

前回の西日本一周の旅では、絶景を撮ることを目的にしていたけれど、ヒッ

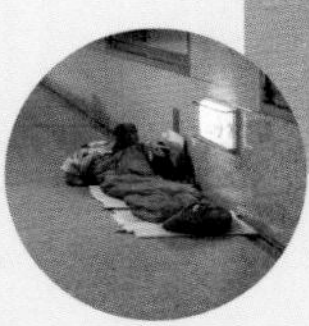

チハイクの貧乏旅なんて必ずたくさんの人にお世話になってしまう…。だからその恩返しとして〝精いっぱいのお礼をする〟ことと、〝その人の笑顔の写真を撮る〟ことだけは必ずしよう、と心に決めて旅に出ることにした。

実際にヒッチハイクをしてみると、そりゃ楽しいことばかりじゃなかった。段ボールに行き先を書いて道路横に渾身の笑顔で立っていれば99％の人は「なんだコイツ…やべぇ」という目を向けてくるし、毎日野宿で時には警備員さんに注意されたり、バックパックにぶら下げた食パンとマヨネーズで生きる日々。それでも、「兄ちゃん頑張ってるね〜！」とか「乗っていきなよ！」と温かく声をかけてくれる人たちがいたおかげで、僕は209台の車を乗り継ぎ135日をかけて日本一周を達成することができた。全財産が100円になったときに、沖縄の離島でさとうきびの収穫を手伝ってお金を稼いだことも、きれいな星空を見ながら野宿したことも僕にとっては大切な思い出。こうしてヒッチハイク日本一周の旅が終わりを迎えたとき、僕のカメラには1000人を超える人の笑顔が収められていた。

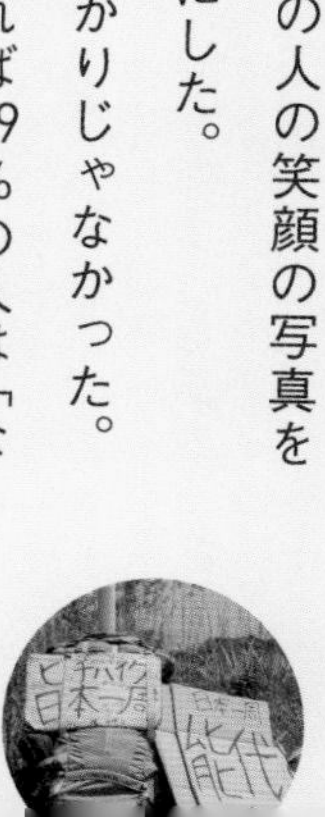

KON CHAN

こんちゃんのお話

人の夢を笑うな

ヒッチハイク最終日。当時20代後半で専門学校に通っている男性が僕の家まで乗せてくれたときのお話。その男性は、大学を卒業して一度は会社勤めして3年勤めたものの、当時から夢だった映像関係の仕事を諦めきれなくて、退職して専門学校に通い始めたそう。その人に言われた言葉は、今でも忘れられない。「写真っていう自分のやりたいことがあるなら、遠回りせずに一直線で進んだ方がいいよ。僕はあのとき、自分が好きなことを選ばなかったことを後悔してるから」

車を降りて、感謝を伝えたとき、僕は自分の進むべき道が見えたような気がした。旅に出る前に考えていた〝普通の会社員〟という選択は、僕の中から消えていて、写真に関わる仕事をしたいという気持ちになっていた。

僕は、やっと見つけることができた自分の夢を大学の友だちに話してみた。でも、返ってきた言葉は「人生終わったね」とか「大学に行く意味ないやん」など、ひどい言われよう。…本当にショックだった。まぁ、今思えば、写真家を目指すなんて夢を持っていたのは、大学の中でも僕くらいだったし、仕方がなかったと思う。

そんな声にめげることなく、僕は自分の将来についてひたすら考えた。写真を仕事にするといっても、調べてみるとその働き方は様々。会社に入らずフリーランスで仕事をする人、スタジオで専属カメラマンになる人、写真家に教わりながら独り立ちする人。そんな風に働いている人たちに、片っ端から電話して会いに行ってどんな仕事をしているのか、真剣に質問をする日々が続いた。でも、話を聞けば聞くほど、僕のしたい"旅をしながら笑顔を撮ること"を仕事にしている人とは出会えなかった。結局僕は、一人で写真家を目指すという道を選ぶことにした。

こんちゃんのお話

初めての写真展

僕の夢について、友だちには理解されなくてもいいやと思っていたものの、両親はこの夢をどう思うんだろう…という不安があった。僕の家は、爺ちゃんの代から始めた自営業を父が継いでいて、順当にいけば次は僕がその後を継ぐことになる。だから、正直両親に自分のやりたいことを話すときには緊張して何日もかかってしまった…。

けれど、父は二つ返事でＯＫ。「自分のやりたいことをやればいい。俺もずっとそうしてきたから」と背中を押してくれた。母は、僕が旅に出ることや写真家を目指すことについて心配してはいたものの、父からの説得もあって、なんとか無事に夢を応援してもらえることになった。

せっかく日本一周をして、たくさんの笑顔を撮ってきた僕。このたくさんの笑顔をいろんな人に見てもらいたい！と思い、「日本一周笑顔写真展」を名古屋と沖縄で開催することを決意した。今思えばこれが、写真家としての一歩だったのかもしれない。

その会場には、九州〜関東まで日本各地でお世話になった人が100人以上も来てくれた。母は、来場した人に「どうやって育てたら、あんなに素敵な息子さんになるんですか？」なんて聞かれていて、嬉しそうに話していたことが印象的だった。このとき、就職せずに写真家になる道を選んだ以上、とことん有名になって誇らしい息子になることが僕なりの両親への恩返しだと思った。

写真展の会場が笑顔に包まれる中で、僕はもっとこの輪を広げたいという気持ちになっていた。日本一周の旅では日本中の人に助けてもらって、笑顔の写真を撮ることで自分なりに恩を返してきた。だからこそ今度は、自分から恩を贈れるような旅がしたい。僕はついに、笑顔を撮りながら世界一周の旅を目指すことにした。

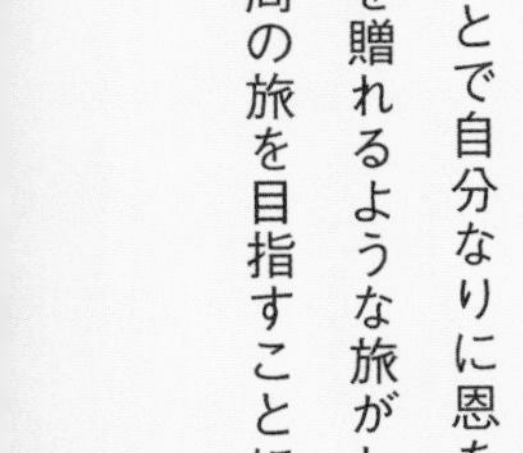
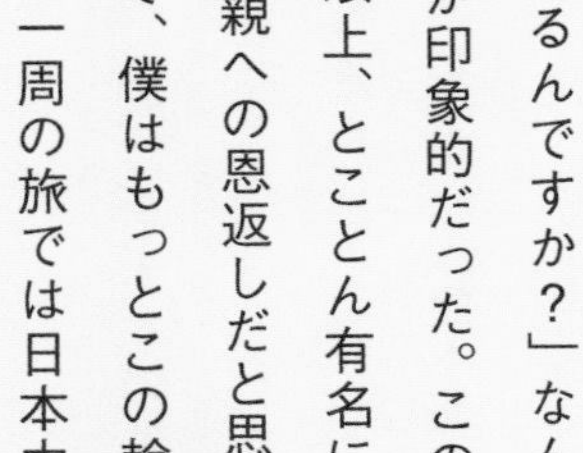
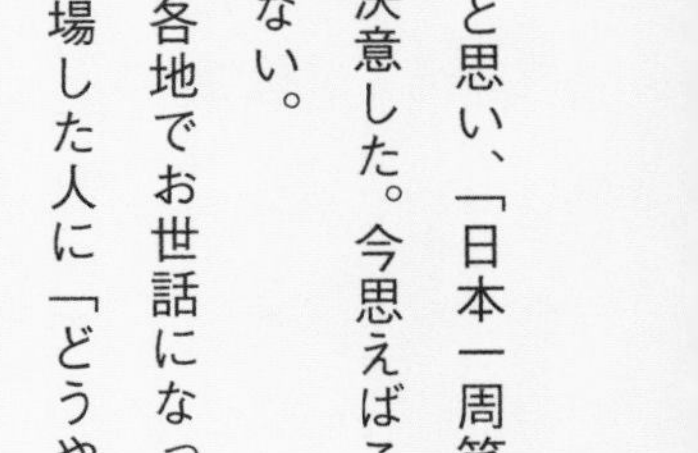

KON CHAN

こんちゃんのお話

ママチャリでタイを900㎞駆け抜ける

日本中を旅してきた僕でも、いきなり世界一周するのはやっぱり怖い。その恐怖を打ち払うべく、まずは同じアジアにあるタイへ行ってみることにした。旅に出たのは大学生最後の春休み。単位を取って、卒論を終わらせて、大学生活に悔いを残すことなく、いざ、初めての海外一人旅へ‼

どうせ旅をするなら、今まで経験したことのない方法で旅をしてみたい…！そんな好奇心から、僕はタイをママチャリ一台で旅することにした。タイの自転車店に行き、つたない英語で「これから自転車でバンコクからチェンマイまで行こうと思ってる‼」と言うと、湧き起こる爆笑の嵐。当然だ。僕もタイ人がママチャリで東京〜福岡（約900㎞）を漕ぐって言ったら爆笑するもん。なんだかんだお店の人と仲良くなって、中古のママチャリを無事購入！

旅ばかりしている僕は、常に金欠。それは初海外一人旅のタイでも同じだった。水はそこら辺の水道から汲み、1日の食事は食パン2枚。慣れないママチャリでケツから血が出たのはマジ焦った。それでも、最高に楽しい旅だった。言葉が通じなくても、挨拶をしてカメラを構えるとニコッと笑顔を向けてくれる人たちばかりで、その笑顔に何度も救われた。国や文化がどれだけ違っても、笑顔で伝わる思いは確かにあるんだ！ 毎日ママチャリを漕ぎ続け、パンクを6回経験し、バイクにひかれたり、タンクトップはビリビリに破れたけれど、2週間でタイを900km駆け抜けることに成功した。

しかし、困った事態が発生。日本へ帰るはずが、旅でほとんどのお金を使ってしまい、お金がない！ 日本に帰れない!! それまでお世話になった相棒（ママチャリ）を手放すのは惜しかったけれど、路上で売って1500バーツをゲットし、なんとか日本に帰国した。ちなみにこれは余談だけど、旅から帰ると僕の体重は6kg減っていたので、ダイエットが成功しないと嘆いているそこのアナタ！ ケツから血は出るけれど、タイでのママチャリ旅本気でおすすめ!!

AKARI CHAN

あーちゃんのお話

普通の生活が理想だった頃の私

私は、こんちゃんのように写真一筋っていうエピソードもないし、振り返ってもつまらないと思うなぁ(苦笑)。私は高校を卒業してすぐに洋菓子店に就職したんだけど、その就職先を選んだ理由はパンフレットを見て「美味しそうだなぁ」って思ったから。そのくらい自分のやりたいことを見出せていない人間だった。就職活動をするとき、私は〝平凡〟に過ごせることだけを考えてた。社会人として働いて自立することが私の理想。〝普通〟をつまらないって言える人って今も本当にすごいと思う。私と同じような考え方をする人は少なくないはずだけど、私の場合はこの考え方になったきっかけがある。

実は私、物心がつく前から母親の夢で芸能事務所に入っていて、地元のCMやドラマに出演したことがあるんだよね。びっくりしたでしょ(笑)。そんな仕

事をしていると、いつしかまわりからは「目立ちたがり屋」というレッテルを貼られるようになった。私としては、目立ちたいって気持ちは全然なくて、昔からやらせて貰ってた習い事の延長のような感じだし、ただお芝居が楽しくて続けていただけなんだけどね。だから、クラスでも目立った行動はしないし、どちらかというと暗い印象だったと思う。

クラスの根暗女子がテレビに出ているのは、目立つ女の子たちから見れば面白くなかったようで、新しいCMが始まると通りすがりに「コイツ、ブスなのにね」と言われたり、休み時間になれば「テレビに出てるのアイツだよ」とわざわざ他のクラスの子と見物しにきたり…。暴力的ないじめではなかったけど、子ども時代を長く過ごす学校で自分の居場所が見つけられないのはつらくて…。結局私は、ドラマの撮影が終わるのと同時に事務所をやめることにした。ちなみにその後の平凡を貫いた学校生活はとても楽しかった(笑)。だからこそあの頃の体験が、私に普通＝幸せという価値観を植え付けたのは間違いない…。

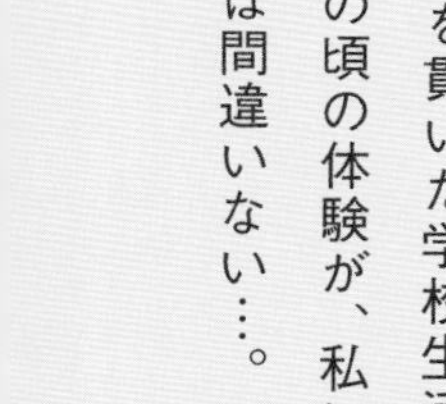

あーちゃんのお話

平凡に洋菓子店へ就職する

就職する前の私は、一般的に社会人になったら仕事も楽しくて、休みの日にはおしゃれをして友だちと出掛けるんだろうな〜！なんて想像をしてた。けれど、これは甘くて儚《はかな》い夢となる。パンフレットだけを見て私が就職したのは、なんと全国でもトップレベルの売り上げを誇るほどの有名で忙しい店舗。バレンタインデーやお正月は朝の6時から夜遅くまでバックヤードと店頭を何往復もして、大きくてかなり重いお菓子の箱を運んだり、体力がかなり必要。

勝手に想像してた洋菓子屋さんのイメージはゆるふわな感じだったけど、実際は体育会系の職場。店長が通り過ぎるときには、休憩中であっても全員が作業をやめ、「お疲れさまです‼」と立ち上がってあいさつするという暗黙のルールがあったり、先輩の休みたい日に合わせてシフト希望を出したり。もとより

根暗帰宅部系の私がそんな職場に染まることもできず、休憩中は人目を気にして、一人寂しく階段でお昼ご飯を食べる毎日。

社会人1年目、至らない事も多く、迷惑をかけてしまった不甲斐なさに堪えきれず泣いてしまうと、先輩から「泣けば済むと思ってる女はいらない」とバッサリ言われて凹《へこ》んだな。私がカッターで手をザックリ切って出血したときには「何してるの!?」と店長が駆け寄ってきて、私の指には目もくれず商品に血が付いていないか必死で確認して「汚いからさっさと外に行って！」と言われたこともある。今考えると、商品が売り物になるかを確認するのは当然で、すごいしっかりしたお店なんだけど、当時の私は「一緒に働く仲間よりも商品の方が大切なんだ…」と悲しくなってしまったのを覚えてる。

想像した少女漫画みたいなキラキラした社会人とは大きく違って、仕事に忙殺される日々。肉体的にも精神的にもつらいという実感はあったけど、私は普通であることにとても執着していた。だからこそ、「普通の社会人なら3年は辞めない」と思い込んで、大変な日々を過ごしていたんだと思う。

AKARI CHAN

あーちゃんのお話

感情が消えた日々

なんか厨二臭いタイトルだけど、これ本当にあるんだよね。洋菓子店で働き始めて7ヶ月が経った頃、気付いたら私は笑えなくなってた。ご飯を食べても「美味しい」って感じることがなくなって、生きていくための栄養を取るものとしか思えなくなってた。そしたらだんだん食欲もなくなって、体重が7kg落ちてたけどその変化をまともに捉えることができなくなってた。毎日、同じ仕事をしては家に帰るというループを繰り返して、生活の中に楽しいことなんて何もないと思うくらいに疲弊していた。あのときはこんなふうに感じることすらできなかったけど、今だから言える例え方をするなら、何を見てもモノクロ写真のように感じられて、まるで世

の中から色が消えたような感じ。

つらいなら、趣味で息抜きをしたら良かったのにと思う人もいるかもしれない。元々、私はゲームやアニメが大好きなオタクで、好きなものや趣味にどれほどの力があるかは分かっているつもり。でも、きっとその時は本当に限界で、疲れてる中で何かをやる気力もなくて、何もかもに興味が失せてしまってた。私はいつの間にか、つらいと思っている仕事しか目の前にない状態に自分で自分を追い込んでいたらしい。そんなある日、通勤していると悲しいわけでもないのに涙があふれて止まらなくなったことがあった。あのときは酷くびっくりして、なんで頬が濡れているのかを理解するのに時間がかかったな。

部屋でボーッとする時間が増えて、母からは「もうお仕事辞めよう？」と心配されるようになってしまった。でも辞めたら〝普通〟じゃなくなってしまう。そしたらまた中学生の頃のように「あいつ、仕事辞めてニートなんだってさ」って噂されるかもしれない。目立ちたくない。そんな考えが次々と湧いてきて、結局このときの私に辞めるという決断はできなかった。

あーちゃんのお話

笑顔の写真がくれたもの

仕事がつらいと感じるようになったある日、私はSNSで一枚の写真を見かけた。異国の地で撮られた、人々が幸せそうな笑顔を見せている写真。これが、こんちゃんの撮った写真との最初の出合いだった。遠く離れているはずなのに、まるで同じ空間で笑っているような、声が届きそうなくらいの笑顔があふれていて、見ている私まで思わず笑顔になってしまう、そんな写真だった。笑顔って、こんなに穏やかで優しい気持ちにしてくれるんだ。こんなに温かくて、人を元気にできる写真を撮れる人がいるんだ。すごいなぁ。初めてこんちゃんに抱いた気持ちは、そんな尊敬と感謝の気持ちだったと思う。

この写真を見てから、私は少しずつ笑顔を取り戻していくことができるようになった。そのくらいパワーのある写真だった。相変わらず仕事を続けるのは

つらかったけど、親身に話を聞いてくれる先輩もたくさんいたから、その人たちの役に立ちたくて、一生懸命働くことに。私に働く力をくれたこんちゃんには、今でも「ありがとう」の気持ちを伝えてる。あのとき、こんちゃんの写真に出合えなかったら、私はどうなっていたんだろう。考えると少し怖くなる。

そして、こんちゃんのツイートを追いかけるようになった私は、運命ともいえる書き込みを見つける。

2016年、2月14日。洋菓子店本命日とも言える殺伐とした職場での休憩中に「名古屋駅でバレンタインデーチョコを募集してます！」という謎のツイートを発見。

私はあの素敵な写真を撮ってくれたこんちゃんに、感謝の気持ちを伝えるべく会いに行くことにした。

α7

PART 1

ふたりをつないだ笑顔の写真

365 DAYS

TAKE, LAUGH, TRAVEL

PART 2

約1万7000kmの超遠距離恋愛

あーちゃんのお話
憧れの人に会いに行く

偶然にも、私の働いていた職場の最寄り駅で、こんちゃんがバレンタインデーのチョコを募集していることを知って、仕事の休憩時間に慌てて会いに行くことにした。もちろんバレンタインデーの洋菓子店は超絶繁忙期。いつもより短い休憩時間だけど、今行かないと感謝の気持ちを伝えられなくなってしまうと思って、勢いでこんちゃんのところへ向かい、なんとか駅前に到着。すると、そこにはチョコを集めている男性が二人。え…？ どっち？ 失礼なことに彼の撮る写真しか見てなかったから一瞬戸惑ったものの、落ち着いてTwitterの写真を確認して話しかけた。けれどコミュ障の私は小さな声で話しかけるのが精いっぱい。それでも、憧れの人になんとか感謝を伝えたい私は、チョコを差し出してなんとか受け取ってもらおうとした。

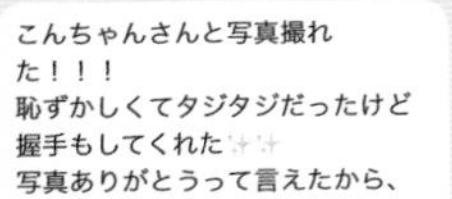
こんちゃんさんと写真撮れた！！！
恥ずかしくてタジタジだったけど
握手もしてくれた✨✨
写真ありがとうって言えたから、
ま！まぁよし！笑
14:04 · 2016/02/14 · Twitter for Android

チョコを見たこんちゃんの第一声は「えぇ！　くれるんすか⁉」だったなぁ(笑)。信じられないくらいの大きな声に圧倒されながらも、「いつも写真見てます」と伝えると「マジっすか！　ありがとうございます！」とクシャッとした笑顔を向けてくれたのを覚えてる。勢いで来ただけでなんの言葉も用意してなくて、焦りから言葉に詰まる私にこんちゃんは「良かったら握手しましょう！」って声をかけてくれたの、嬉しかった。けれど憧れの人と握手をするって意識した瞬間に、手汗がぶわっと噴き出してきた。手汗がバレる！と必死に服で汗を拭うんだけど、ああいうのって意識するほど酷くなるよね(笑)。最後に、記念撮影をするときにも、私は緊張のあまり携帯を渡す手が震えてしまって、こんちゃんに「大丈夫ですか？」と心配されたのも今となってはいい思い出。

あの日のことは、緊張しすぎて記憶があいまいだけど、大体こんな感じだったと思う。上手に自分の気持ちを伝えることはできなかったけど、あの日会いに行った私を褒めてあげたい。もし、あの日行動しなかったら、こうして一緒にいる毎日を過ごせてなかったと思うからね。

365 DAYS
24 HOURS

KON CHAN

こんちゃんのお話

あの日のバレンタインデー

幼なじみと、バレンタインデーの日に「俺たち、3年連続で母さんからしかチョコ貰えてないよな…」なんて話から、受け身だから駄目なんだ！ 自分から貰いにいこうぜ‼って話になった。で、段ボールにでっかく「チョコください」って書いて、駅前で2時間くらい立ち続けた頃にあーちゃんが来てくれた。大体、僕たちにチョコをくれる人って、「可哀想なのでどうぞ…（笑）」って感じの哀れみの気持ちで渡してくれてたんだけど、そのときのあーちゃんは表情から緊張してるのが丸分かりで、チョコを渡す手はぶるぶる震えていて、控えめに言っても挙動不審だった…（笑）。と言っても、悪い意味じゃなくて、理由は分からなかったけど、一生懸命チョコを届けに来てくれたんだなっていうのは伝わったし、僕はそのとき「なんだか、かわいらしい子だなぁ」って思ってた。あーちゃんは、握手して写真を撮ったら、会話もすることなくダッシュで帰ってしまった…。

最終的に、段ボールを持って駅前に立ち続けた結果、僕たちは108個のチョコ（義理）を貰うことに成功した！　煩悩の数なのは気になるけど、その年のバレンタインは、これからもずっと人生最多記録だと思う。帰りの車の中で、幼なじみに「あの挙動不審な子覚えてる？」なんて会話をするくらい、あーちゃんのことは記憶に残っていたんだけど、当然連絡先なんて分からなかった。だけど、ずっとあのときのあーちゃんの姿が頭に残っていて、その日の夜にダメ元でSNSを探してみた。

この作戦が、なんと見事的中！ 僕たちと一緒に撮った写真をあーちゃんがTwitterに載せてくれてた‼ コメントをしようかどうしようか悩んだけど、もう二度と会えないかもしれない…っていう気持ちがあったから、DMを送ることにした。ナンパみたいに思われたらどうしよう…そもそも返事くるのかな…なんて思ってたから、あーちゃんから返信が来たときは心底ホッとした。そのあと、DMでやりとりを続けて、少しずつ仲良くなっていった。その頃、あーちゃんが膝の手術をすることになったから、実際に遊べたのはバレンタインデーから2ヶ月以上経ってから。ようやく会えたあーちゃんは…やっぱり挙動不審だった(笑)。でも、何回か会ううちに、距離感が近づいた気がしてすごく嬉しかったなあ。

あーちゃんは元々、SNSに自分の写真を載せる方じゃなくて、唯一載せた写真が一緒に写った写真だった。その写真を見つけたこともすごい偶然だし、まるで奇跡みたいだなって思う。あの日、あーちゃんが勇気を出してくれなかったら、僕たちはきっと出会えなかった。

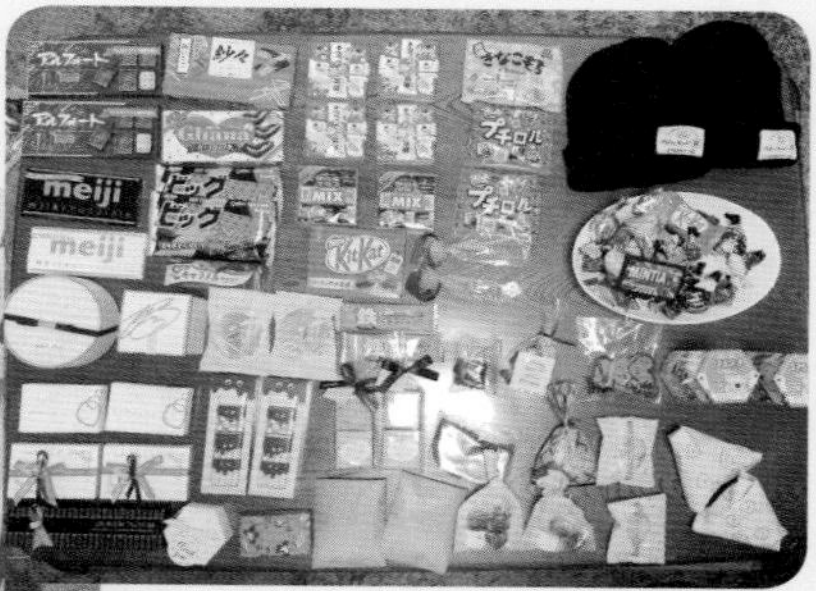
meiji
meiji

2/14
チョコください。
チョコをください。

AKARI CHAN

あーちゃんのお話

心が休まるリハビリ期間

私は生まれつき膝蓋骨《しつがいこつ》亜脱臼《あだっきゅう》症候群《しょうこうぐん》という症状を抱えていた。簡単に言うと、膝にあるお皿の形をした骨が人よりも小さくて、激しいスポーツをすると脱臼してしまう可能性が高い。また、元々筋肉も付きにくい体質で、同世代の平均筋肉量で表せば30%程しかなかったらしい。「18歳にして60歳くらいの脚をしている」とお医者さんから言われたこともある。幸いインドアを極めてきたから高校生までおかしい事に気付かなかったし、普通に生活しているだけなら、特に症状も出ないけど、洋菓子店で朝から晩まで立ちっぱなしで作業していたり、重いお菓子の箱を運んでいるうちに負担がかかってたみたい。

ある日、いつものようにお菓子の箱を運ぼうと思ったら、膝に力が入らなくなって倒れてしまい、そこで初めて手術をしようという話になった。ただ、

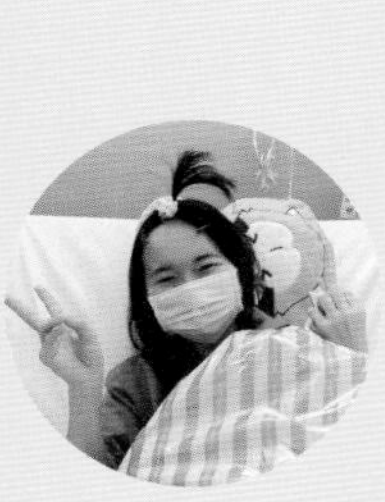

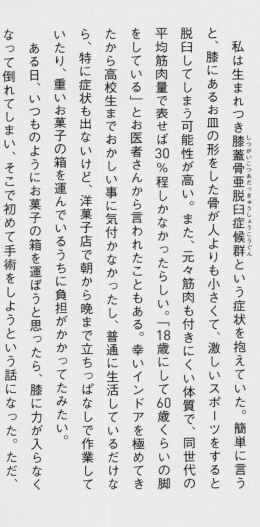

手術をするとなると、歩けるようになるまでの3週間は入院してリハビリ生活になるし、自転車に乗れるようになるのは約半年後。手術するのは怖かったけど、正直精神的にもかなり追い詰められていたから、悩んだ末に休職することにした。人手不足の中で長期間休むことは本当に申し訳ない気持ちだったけど、この休職はのちに私にとってすごく大切な時間になった。手術をしたあと、リハビリついでに受診した精神科でうつ病と診断された。脚のために休職したけど、職場を離れることができた今、いくらでも自分と向き合う時間がある。忌々《いまいま》しかった脚に、このときばかりは感謝したね(笑)。

ちなみにこの期間は、こんちゃんと連絡は取っていたもののリハビリをしなければならなかったので、実際に会うことは出来なかった。

歩けるようになったら遊びに行こう!と、こんちゃんと遊びに行く約束をしたときは、すごく嬉しかった。それまで、仕事のことばかり考えてたから、生活の中で楽しみを感じることなんてなかった。生きていくのに、楽しいことって必要なんだよね、きっと。

KON CHAN

こんちゃんのお話

世界一周or彼女

何回かあーちゃんと会ううちに、もっと一緒にいられたらなって思うことが増えていった。でも、4ヶ月後には世界一周の旅に行くことは決めていたから、もし告白してOKがもらえたとしても、日本に一人あーちゃんを残していくことになってしまう…。やっぱり付き合う以上、好きな人に寂しい思いはさせたくなかったから、簡単に「付き合ってください」とは言えなかった。というか、元々世界一周の旅に出るって決めてから「彼女は作らないようにしよう!」って決めてた。だけど、あーちゃんと一緒にいるとすごく楽しくて、一緒にいたいとか、好きだなっていう気持ちが大きくなっていった。

連日連夜悩みつづけて、あるひとつの覚悟をした。僕は勝手に、世界一周の旅へ行く夢と彼女を天秤にかけてしまっていたけど、どっちも手に入れることだってできるはず。勝手にどっちかしかできないって決めていたけど、どっちも誠実に向き合うなら彼女との幸せを目指しながら世界を旅したっていいじゃないか!! だから、あの日あーちゃんをビーチに連れて行って、夕日が沈む中「付き合ってください」って告白することにした。あーちゃんが嬉しそうに笑いながらOKの返事をしてくれたとき、僕はあーちゃんを少しでも寂しくさせないように、自分にできることは全部やってから旅に出ようと思った。

僕にできることは、写真を撮ること。旅に出かけるその日まで、離れてしまっても寂しくならないように、二人で過ごした思い出をセルフタイマーを使って写真に残すことにした。どれだけ離れていたとしても、すごく寂しい日があったとしても、一緒にいるよって伝えたかった。あーちゃんは、一緒にいられた4ヶ月間、僕に一度も「旅に行かないで」とは言わなかった。本当は寂しいはずなのに、ずっと笑顔を見せてくれてた。あーちゃん、ありがとう。

AKARI CHAN

あーちゃんのお話

自由に生きてみたい

こんちゃんの話は、私の日常とはかけ離れすぎていて、重なる部分がほとんどない。考え方も、行動力も、底抜けのポジティブさも私はなにも持っていないから、こんちゃんと話しているだけで自分の価値観が広がるような気がした。ヒッチハイクで出会った人の話や、旅で助けてくれた人との思い出を聞けば、世界の広さを知ることができた。こんちゃんの写真に対する愛情や、笑顔を届けたいっていう信念に触れると「私もそんな風に生きてみたい」って感じた。これって、私の中ではすごい変化！　今まで、〝普通〟から外れるのが怖くてできなかったし、具体的な夢なんて一つもなかったのに、もしかしたら私なんかでも今からすごく頑張ったら、できるのかなって希望が持てたから。

私はこんちゃんみたいに写真のセンスがあるわけではないけど、彼と一緒にいる中で大切な思い出をカタチに残す尊さを知って、フォトグラファーの仕事に興味を持った。将来的に彼にできない撮影の補助的なことをできるようになれたら最高だしね。私は私でできることをやろう。彼がいない間、泣いてばかりじゃもったいない。そんな気持ちから、洋菓子店を辞めカメラマンの事務所に入った。当時、彼は名前を認知されていたから「こんちゃんの彼女」って言われることが、正直悔しいって気持ちもあったかな…(笑)。

事務所に入る前から、「すごく大変だから覚悟した方がいいよ」って聞いてはいたけれど、この忙しさが予想以上で…(笑)。洋菓子店で働いていたときよりも仕事に追われて、1分1秒を無駄にできない毎日。でも、初めて自分がやりたくて始めたことだから、肉体的には大変だったけど精神的にはあの頃よりマシだった。毎日学ぶことばかりで、生活を守りながら基礎的なことを学ぶのにはカメラマンの事務所ってすごく有効だったな。あのとき勉強したおかげで、こんちゃんが撮りたい絵も分かるようになって、自分の色が加えられるようになったのはかなり大きかった。

KON CHAN

こんちゃんのお話

いつか一緒に仕事をしたい

この頃のあーちゃんは本当に忙しそうだった。労働基準という概念がなかったし、終電で帰宅して、ロケのアシスタントをする日は朝5時には現場入りしてた。三度の飯より寝るのが好きなあーちゃんにとって、本当に大変な生活だったと思う。同じ写真でも、あーちゃんは結婚式の写真を撮ることが多かったから、緊張感は計り知れない。キスシーンがピンボケになってたら、台無しになるわけだし…。一生に一度の晴れ舞台を任されるって、毎日本当に大変なプレッシャーだったと思う。

デートしてても、「ちょっとだけ待って!」とか言いながらPC開いて写真の編集をし始めることもあって、洋菓子店のときみたいに無理してるんじゃないかなって思ってた。あの頃は結構仕事の悩みを抱えていることも多くて、もちろん息抜きだっていうのは分かってたけど、あーちゃんの愚痴が増えてた時期でもあった。だから僕は何度か「そんなに大変なら辞めてもいいんじゃない?」って言ってたけど、あーちゃんが「辞めたいわけじゃない。忙しくてもやりたいの!」って言うから、あまり強くは言えなかった。あんなに忙しく仕事しながらも、僕との思い出作りに付き合ってくれて、本当にありがとう。

あーちゃんはすごく真面目だから、仕事に対してのめり込んでいってしまう節があって…。それ自体は、すごくいいことだと思うけど、一度うつ病にもなっているし、もう少し自分のことを大切にしてほしいという気持ちがあった。だから僕はこのとき、いつか一緒に撮影とかしながら、それが二人の仕事になっていけばいいなって密かに思ってた。僕と一緒に働いてくれたら、あーちゃんの負担をもう少し減らせるのになって。世界一周するため彼女を置いていく男が、そんなこと言ったって説得力ないから、あのときは言えなかったけど…(ぐぬぬぬぬ…)。

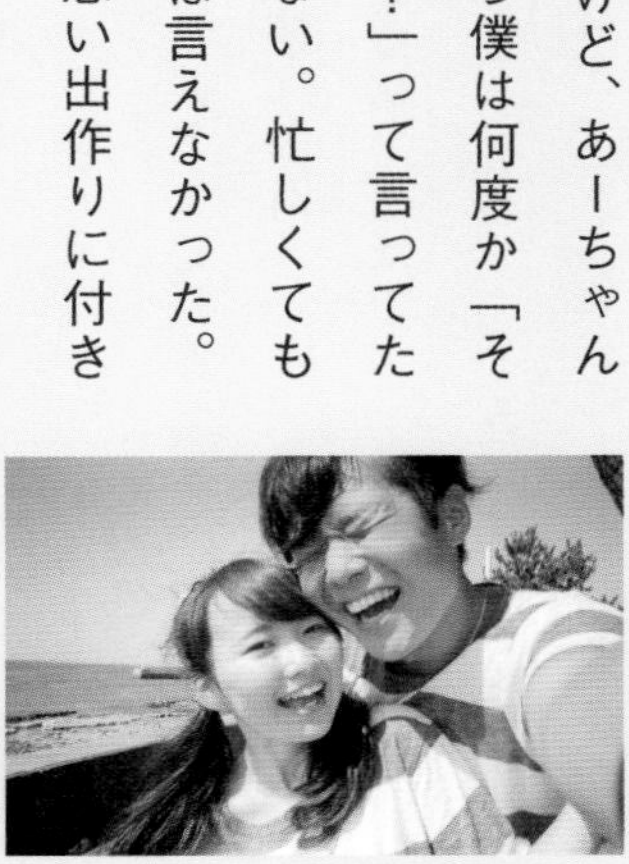

あーちゃんのお話

ネガティブを打ち消す力

こんちゃんは覚えてるか分からないけど、カメラマンの事務所で働き始めてからレイトショーの映画を観に行ったことがある。だけど、その映画の内容がいわゆる主人公が困難に立ち向かっていく系で…見ているうちに「なんで私は頑張れないんだろう。頑張らなきゃいけないのになんで映画なんて観てるんだろう」というネガティブな気持ちが湧いてきてしまった。私の悪い癖。

それでも、せっかくのデートだし最後まで観ようと我慢してみた結果、外に出た途端に私は過呼吸を起こして救急車で運ばれることに。なんて恥ずかしいことになってしまったんだろうと思っている私のそばで、こんちゃんは「あーちゃんみたいに考えてる人、滅多にいないよ！　あーちゃんはすごいねぇ！」と笑い飛ばしてくれた。さらに彼は「頑張りって人と比べるものじゃないから

さ、そんなに悩んで倒れちゃうくらいなら旅に行こうよ。旅だったら、絶対あーちゃんのこと楽しませられるから!」とずっと励まし続けてくれた。

その言葉を聞いて、私は抱えている不安を話してみることにした。「仕事で新しい会場を私なんかが一人で任されることになって、すごく不安なの…」と泣きながら話すと、彼は「失敗なんて、どれだけ気を付けてもするときはするよ。しょうがない。でも、極論だけど仕事を失敗しても死ぬわけじゃないでしょ? 旅に出たら最悪死ぬかもしれないこともあるけど、仕事は死なないから大丈夫(笑)!」なんかね…確かに!と思ってしまった(笑)。

ネガティブな考えが湧いてきたそばから、こんちゃんはポジティブへと変換してくれて私に安心を与えてくれる。なにも状況は変わらなくても、「大丈夫だよ!」と言ってくれる人がいるだけで、本当に大丈夫になっていく気がするから不思議だよね。私は、こんちゃんのようにポジティブにはなれないから、本当にその考え方ができるの羨《うらや》ましいよ。

AKARI CHAN

あーちゃんのお話

フルスロットルデート

「遠距離になっても寂しくないようにたくさん思い出を作ろう！」って提案してくれたのはこんちゃんだった。とはいえ週4〜5回はデートしてたのを考えると、すごい頻度で会ってたと思う（笑）。お互い忙しい中、本当に少しでも会えるときは会って、頑張ってたよね。彼とのデートの流れは朝6時に迎えに来てくれて、9時には山や海に行って棒倒ししたり、水遊びしたり…（笑）。その後、お店が開き始めたらご飯を食べて、写真を撮ったり、アスレチックで遊んだり…自分が経験してきた普通のデートとはだいぶ違ったけれど、山や海に行くことなんて、今までなかったし新鮮で毎日充実してた。けれど、こんちゃんと夜中の1時まで車や公園で話したりしてたから、両親に門限決められたっけ（笑）。社会人で門限が23時半に決まるのもなかなかだよね。でも、毎日があっ

という間で今よりも言い合いやケンカはなかったと思う。4ヶ月しかないからケンカしてる時間がもったいない！　っていう気持ちの方が強かったよ。

私たちは、付き合って1ヶ月くらいで、お互いにルールをいくつか決めた。1つ目は、嘘をつかないこと。これはカップルだからというより人として大事なやつ。2つ目は、隠し事はしない。お互いに隠し事があると気持ち悪さが残るから、私たちにとっては大切なことだった。3つ目は、思ったことはちゃんと言うこと。私はこんちゃんに思ったことを言えるけど、こんちゃんは私のことを思って言わないっていう選択をすることが多い。でも、これから遠距離恋愛になるカップルに必要なのはなんでも話せる環境を作っておくこと。だから、気になったことがあったら言うようにしようねって約束した。4つ目は、異性と遊ぶときは報告すること。私はこの決まりができてから男友だちと会わないようになって、見事に友だち減ったよ（笑）。まぁ、こんちゃんを心配させる方が嫌だったからいいんだけどね。

AKARI CHAN

あーちゃんのお話

旅のお守りはアンクレット

付き合って2ヶ月記念日。こんちゃんが旅に出てしまうまであと2ヶ月、「無事に旅から帰ってこれますように」という願いを込めたアンクレット（P204）を贈ることにした。いざ、お目当てのお店がある東京の表参道へ！こんちゃんに似合うのはどれだろう、と悩んでやっと「コレだ！」と思えるものを見つけた。こんちゃんはこだわりが強いから、気に入ってもらえるかかなりドキドキしたな。

すると、店員さんから「こちら、付き合っている方に贈るのであれば、ご自身のイニシャルを入れる方が多いですよ」とおすすめされたんだけど、私のネガティブはここでも炸裂。もし世界を旅しているときに、別れることになったら、私の名前が刻印されたアクセサリーを着けてるの嫌だよな…。旅の願掛け

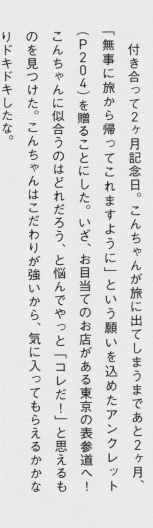

をするのに、途中で外されたらこんちゃんは無事に帰ってこないかもしれない。それだけはだめだ。たとえ別れることになったとしても、絶対無事に帰ってきてほしい。それなら、別れたとしても着けていられるように、こんちゃんのイニシャルを入れた方がいいんじゃない…？　こうして悩んだ末に、私は店員さんのおすすめではなく、こんちゃんのイニシャルと一応付き合った記念日を刻印してもらうことにした。なんてネガティブなんだ、と思うかもしれないけど、私のことを忘れないでほしいというよりは、ただただこんちゃんが無事に帰ってくることだけを願っていた。

あとになって、この話をこんちゃんにしたら、「あーちゃんは本当に考えすぎやって！」って笑ってたなぁ。この頃は、付き合って2ヶ月だからね。「やっぱり旅に集中したいんだ」とかいってフラれることも全然ありえることだし。まぁ…でも本当に無事に帰ってきてくれて良かったよ。

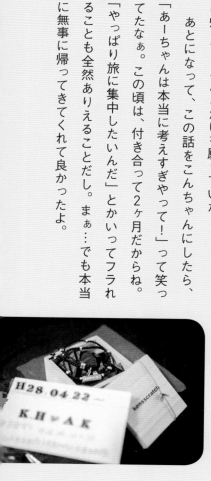

KON CHAN

こんちゃんのお話

行ってくるね、あーちゃん

旅立つ前日。僕たちは、空港の近くのホテルに泊まってたくさんお話したり、今まで撮った写真や動画を見返したりして、思い出に浸った。これまで笑顔だったあーちゃんも、前日ともなるとずっと泣いてた。その姿を見て、自分が泣かせてるんだなって思うと本当に申し訳ない気持ちでいっぱいになったし、これからは僕がいないところで泣かせてしまうことになる。もし、何かつらいことがあってもすぐには連絡が取れないし、落ち込んでも励ませないかもしれない。僕がいない間にまわりの人から「そんな彼氏やめた方がいいよ」って言われても、正直仕方がないと思う。だからこそ、どれだけ距離が離れていても寂しくさせないようにすることが僕の責任だと思った。実は、旅

立つ1ヶ月前くらいから他にもできることがないかなと思って、毎月世界のどこかから手紙を送ることを決めたり、毎週日曜日に聴いてもらうためのボイスメッセージを録りためたりしていた。それとともに、一緒に過ごした4ヶ月間をまとめた動画(脅威の45分)を送って、世界へと旅立つことに。

旅に出て、気をつけていたのはできるだけ毎日連絡をすること。自分のいる国や宿によってWi-Fi環境が全然違うから、環境の良い場所ならテレビ通話ができたけれど、並みの通信環境しかないときは電話、電波が悪いときはメールやLINE…と日によって連絡方法が変わった。毎日宿を決めるときにオーナーに「この宿にWi-Fiあるか?」「Wi-Fi強いか?」って聞きまくって、「ヘイ、Wi-Fiマン!」って言われることもよくあった(笑)。最長で時差が13時間ということもあったけど、実際につらかった時差は7時間くらい。僕が宿について電話できる時間は、日本だと深夜。あーちゃんは仕事で疲れてる中、夜中まで起きててくれたけど、「もう無理、眠い…」って電話しながら寝てしまうこともあったなあ。

寂しいときも
これで乗り切れた！

こんちゃんがくれた声のプレイリスト

遠距離恋愛を支えてくれた
毎週日曜日のボイスメッセージの中から、
あーちゃんのおすすめをピックアップ！
笑えて、泣けて、ちょっと恥ずかしい
あの頃の思い出を大公開します。

▶2017年1月1日

K 今日はお正月です。俺はきっと今ラオスか…(笑)。ごめんねあーちゃん。クリスマスもお正月も一緒に過ごしたかったんやけど…。来年はクリスマスにごちそういっぱい食べて、お互いに手渡しでちゃんとプレゼントを交換して、お正月はテレビ見ながらゴロゴロしよ。きっとあーちゃんは休みということだから写真でも撮るのでしょう。新年あけましておめでとうございます。

A 付き合って初めての年越しに会えないのはつらかったけどすごく嬉しかった！ ちなみに次の年はクリスマスもお正月も帰ってきませんでした(笑)。

▶2017年1月8日

K 明日は成人式やね。あーちゃん成人おめでとう。今までずっと「彼女の歳は？」って聞かれて「19」って言ってたから、俺犯罪者呼ばわりされてたけど、でも「成人してるよ」って言えばちょっと合法っぽいね。いや違法ちゃうけど(笑)。あーちゃんの晴れ着が生で見れないのは彼氏としてとても寂しいうえに、あーちゃんの晴れ着が撮れないのはカメラマンとしてとても寂しいです。自分のせいなんやけど。えっとー、届いたんかな？ 成人祝いを送ってん。それがたぶん、今日届くはずやから楽しみにしてて(笑)。じゃ明日は成人式楽しんでね。でも代表の挨拶やな。どうせ緊張してるやろうと思うけど。100パー噛むと思うあーちゃんは。うん。でも大丈夫。適当でごめん(笑)。

A 成人式のこと、考えてくれてたんだね。お祝いに私の写真集が届いたときは幸せで泣いてしまった。今でも宝物です。本当にありがとう。

▶2017年3月5日

K あーちゃん誕生日おめでとう！　あーちゃんもこれで二十歳やね。生まれてきてくれてありがとう。ごめんね。二十歳の誕生日にいっしょにいれなくて。あーちゃんはめちゃくちゃ祝ってくれたんやけどな、この前の俺の誕生日。うーん…申し訳ないです。帰ってきたらずっと祝い続けるからね。とりあえずでもお母さんにあーちゃん産んでくれてありがとうございますって伝えといてください。あーちゃんはいつもどおり、あーちゃんのままでいてね。今のあーちゃんが好きだよ。純粋だしすごい真っ直ぐだし優しいし、自分のことより人のことをずっと考えてるし。アホやけど(笑)。一緒にいれなくてごめんね。来年は一緒にいるからね。

▶2017年4月23日

K 昨日はなんと、4月の22日。そう、1年記念日でございます！　あーちゃん1年間付き合ってくれてありがとね。今私はどこにいるのだろうか。4月やから、イランあたりでしょうか。こんな彼氏でごめんね。1年ね…長いなあ…。長いけどまだまだこれから何年付き合ってくか分からないから。まあ最初の1歩ですわ。あーちゃんにはたくさん寂しい思いさせちゃってるよね。ごめんね。やっぱり…なんだろう…ごめんねって思う。それ承知で付き合ってくれたとはいえ、あーちゃんの泣いてる顔もいっぱい見てきたし。寂しい思いさせちゃってるのは間違いないからさ。でも、帰ったら本当に、あーちゃんのことを幸せにしたいと思ってるし、ずっと一緒にいたいし、あーちゃんと行きたいところいっぱいあるし、やりたいこともいっぱいあるし。だから帰ってきたらたくさん幸せにするから、これからもよろしくお願いいたします。どんな感じなんだろうな。帰ってきたら…うーん。でもだいぶ緊張しそうやなあ。あーちゃんがいてくれたから今の俺があるし、逆に俺がいるから今のあーちゃんがいると思うから。いつもありがとう。この先もずっと。2年記念日は絶対一緒にいるからね。そのときは、最初の撮影のところに行って、変な森の公園行って、ケーキ食べて、ドンキ行って、四日市の工場夜景行こう。そのときはあーちゃんも撮ってね。

A 声を吹き込みながら、きっと自分も寂しかったんだろうな。幸せにするって断言してくれて嬉しかった。今、幸せです。こちらこそいつもありがとう。

▶2017年7月9日

K たぶん7月だから俺の髪はすごい伸びてて、めっちゃ日焼けしてて、全体的になんか汚いと思うんですよ。でも、あーちゃんの理想が黒髪のー、パーマのー、白ニットーみたいな。草食男子みたいな。…ヤバい！　対極じゃん！と思ったんですよ。だから、帰ってきたら私は草食男子になります！　現時点で大丈夫なのは、黒髪でしょ。パーマは天然パーマやから俺大丈夫だ。まあ切らなあかんわ髪を。やっぱりもうあーちゃんが…切る？　前髪パッツンにしなかったら切ってもいいよ。笑いながら切りそうで怖いけど。あーちゃんに任せるわ。で、髪形オッケーと。日焼けも、帰るのが秋か冬くらいやから…2、3ヶ月もすれば白くなると思うけどなあ。でもあーちゃん前、黒い人が好きって言ってなかったっけな? 白ニットなんかいくらでも着るよ。なんでも言ってくれあーちゃん! だから今なんかめっちゃこんなんやけど、帰ってきたらあーちゃんの好みのタイプになるようにするから。あーちゃんは大丈夫だそれで。あーちゃんはかわいいよ。あーちゃんは何がタイプって言ってたっけな…? ま、でもたぶん「こんちゃんはそのままでいいよ」とか言い出しそう。…分かった、靴履く! 脱サンダル! それだな。なんでも言ってくれ。

A この言葉は嘘だった! 白ニット着んかい! 靴履かんかい! ちなみに前髪は笑いながらパッツンになったし、YouTubeの動画に残ってるよ(笑)。

▶2017年7月23日

K いやあ…今ね、最後のあーちゃんと遊ぶ、行きの車に乗っております。今からあーちゃんと会って、ご飯食べて、宿に泊まって。で、バイバイしたら、あと半年会えないんだ…。んー…寂しい。でも、あーちゃんの方が寂しいよね。ごめんね、寂しい思いさせて…。ヤバい暗い。たぶんこれを聞いてる頃は、あーちゃんが会いに来てくれてるのかな。うん、会いに来てくれてると思う! だから、なんだろ、お互いに満ち足りてればなーと思う。寂しくないかな。慣れちゃってんのかな。半年後のことなんて分かんないや。でも今はすごく寂しい。ぐすん(涙声)。未来のあーちゃんは今からお仕事に向かうのかな。無理しないでね。いってらっしゃい。俺は過去のあーちゃんと今から遊んでくるよ。今日はサンタさんになるんだ。サンタって言ってもミニスカサンタや(笑)。俺は百均でミニスカサンタの衣装を300円で買ったんや! 入るかな? 入らんかったらごめん(笑)。あーちゃんにサプライズしてくるね。じゃあメリークリスマス!

A このときは海外に会いに行っててボイスメッセージ一緒に聞いたね。俺こんなこと言ってたー!?って二人で笑い合ったの懐かしい(笑)。

▶2017年8月20日

K んとね、このボイスメッセージが俺一人でしゃべる最後のメッセージ。今からあーちゃんに会うから、あーちゃん含めて二人のボイスメッセージを入れるのが最後になります。二人で締めくくりたい、最後は。だからこのボイスメッセージは俺一人で入れる最後のボイスメッセージだからよく聞いてね。今までちゃんと聞いてくれてありがとう。このボイスメッセージのこの量を2日間で全部作ってるから、なんだろ、すごいやっつけ感というか、ネタのなさっていうか(笑)。あーちゃんを寂しくさせないように、いろいろ自分なりに工夫して頑張ってるつもりだけど、やっぱり遠距離にならないことが一番だから。あんまりカバーできてるとは思わないけど、あーちゃんとずっと一緒にいたいから、あーちゃんをどっかに行かせないように、繋ぎ止めるように、いろいろやっております。

毎週日曜日ちゃんと聞いてくれてたかい(笑)? 未来のヤツを聞いてないかい? これとか最初の方に聞いてない? 大丈夫(笑)? もうすぐね、12月20日。旅に出る2日前のあーちゃんと会うんだ。もうちょっとで名古屋駅だよ。そしたら二人で合流して、最後にボイスメッセージを二人で入れるから楽しみにしててね。もう帰ってるかもしれんけどな、この時期。ボイスメッセージいっぱい入れたけど、思ってることをいつも言うことはやっぱり大事なんやなとか思ったり。もうすぐ帰るからね。

▶2017年8月27日

K 最後のボイスメッセージはあーちゃんがいるよー!(A:あーちゃんいるよー!)今俺がムチムチのサンタをやってクリスマスプレゼントをあげたんだけど、全然脱げない!(A:こんちゃんがすごいいっぱい考えてくれたっぽい笑)クリスマスのお楽しみにしててな。(A:うん。ありがとー!)そんな感じで、長きにわたるボイスメッセージはこれで最後。あーちゃん、未来のあーちゃんに何か贈る言葉ある?(A:んーと、んーと)これはね、ちなみにね8月の27日。(A:たぶんこんちゃんあと2ヶ月ぐらい帰ってこないけど)いやもうちょいで帰るで(A:おうおう。あとちょっとで帰ってくるから、寂しいかもしれんけど…頑張れ。ふぁいとぉ…)あーちゃん泣くなよ。泣くなよあーちゃん。(A:泣いてねーわ笑)泣いてないんだぞうです。そういうことだ。じゃあなあーちゃん。もうちょっとで会いに行くからね。バイバーイ! 愛してるよ。

A 彼が想いを伝え続けてくれたおかげで乗り越えてこれた。遠距離は勇気と犠牲が必要だけどその先は幸せだから、今遠距離してる人、頑張れ! 負けるな!

恥ずかしすぎるけど、
あーちゃんが喜んでくれたなら
僕も嬉しい…!

あの頃は寂しかったけど、
それでも前に進めたのは
こんちゃんのおかげだよ。
本当にありがとう!

KON CHAN

こんちゃんのお話

旅を発信するということ

笑顔を撮ってチェキを贈る世界一周の旅。そんな旅の様子を、写真と文章を綴って毎日ブログで発信した。最初こそ数百人しか見てもらえなかったけど、「写真を見て笑顔になれた！」「僕もいつか旅したい！」「ブログを見て留学しようと決心しました！」…などなど、〝自分の旅が誰かのきっかけになれる〟ことが本当に嬉しかった。誰かが笑ってくれるからシャッターを切ったし、喜んでもらえるからチェキを贈って、読んでくれる人がいたからブログを綴った。

一人旅だったけど孤独は感じなくて、きっと僕にしかできないことだと思って過ごしていた。宿に着いたら、あーちゃんと連絡を取りながら写真編集とブログを書く作業。それが終わったら旅のルートや宿、観光地を調べてたから、毎晩寝るのが遅かった。ブログを書くのにかかる時間は1記事少なくても3時間

くらい。旅に出てるのに1週間で21時間、1ヶ月で90時間以上も延々とパソコンに向かい合ってた…いや、どんな旅人(笑)⁉ 写真家として考えたら、1枚でも多く外で写真を撮った方がいいし、旅人として考えたらその時間でいろんな場所へ行ける。でも、それだけの時間を使ってでも、写真や旅の面白さを伝えることの方が、僕にとっては意義のあることだった。気付けばブログは1日1万人が見てくれるようになって、後に出版もされました(照)。

基本的にポジティブな僕だけど、自分の写真については悩むこともあった。旅の途中に全財産が250円になったときがあって、世界各地の路上で自分の撮った風景写真を売っていたことがあるんだけど、1日12時間以上売っても日本円で800円くらいにしかならなくて…。そういうときは「俺の写真って認めてもらえないのかな」なんて帰り道に泣いたこともあった。そんなときに世界各地でブログを読んでくれていた方が「いつも読んでるよ! これくらいしか出来ないけど…」って、路上で写真を買ってくれたり助けてくれたりして…。あのときほど旅を発信していて良かった!って思ったことはなかった。

あーちゃんのお話

寂しさを支えてくれた母

街のあちこちにこんちゃんとの思い出の場所があったから、"いない"って理解するまでに時間がかかった。だけど、時間が経つにつれてこんちゃんのブログには旅の様子がアップされていって、「あぁ、自分とは違う場所にいるんだ」という実感が湧いてくる。こんちゃんと過ごした4ヶ月は刺激的だったから、こんちゃんのいない日常に戻ってしまってすごく寂しかった。彼からすれば毎日が新鮮だろうけど、私はただ日常にポッカリと大きな穴があいただけ。

そんなときに私を支えてくれたのは、いつも母だった。こんちゃんと付き合うことになったよって話したときには、「旅人って大丈夫なの…?」って将来性を気にされることもあったけど、この頃はこんちゃんが世界一周に行ってるときのブログを一緒に読んだりするくらい受け入れてくれてた。

まわりの友だちにこんちゃんの話をしても、返ってくるのは「そんなに待たせる彼氏なんて別れなよ」って言葉ばかりで、共感してくれる人は誰もいなかった。でも、それも仕方ないと思う。彼氏が世界一周の旅に出てるなんて意味不明だし、話すときにいつも私は泣いてしまっていたから。逆に友だちに泣きながらそんなこと相談されたら絶対別れなよって言っちゃうもん(笑)。

だから、友だちにも相談できなくなって、私の話を聞いてくれる人は母しかいなかった。母は、私がこんちゃんと別れる気がないっていうのも分かっていたから、寂しくて泣いている私のところにきて、「大丈夫？　寂しいよね。あかりはいつも頑張ってるよ」と声をかけてくれた。旅に出るこんちゃんを羨ましく思ったり、楽しそうに笑っている写真を見れば寂しくなったけど、母と話しているうちに「こんちゃんが頑張ってるから私も頑張ろう！」って思えるようになった。こんちゃんが帰るまでに、カメラの勉強をして撮影を手伝えるようになるんだ！　どれだけつらくても毎日ブログを更新するこんちゃんの頑張りと母の言葉に励まされた私は、仕事へとのめり込んでいった。

KON CHAN

こんちゃんのお話

グッバイ前歯3本

世界一周の旅で訪れた2ヶ国目・カンボジア。僕は、現地で壊れかけの原付バイクを借りて旅をしていた。バイクからは常に変な音がするし、1日に1度は必ずエンスト。ブレーキの利きも悪くて、ウインカーも付かない。激安とはいえ、なんてポンコツなの…(泣)。そんな相棒とカンボジア中を走り回った。ポンコツすぎて4週間で11回も故障して、その度に修理屋へ行った。2500km、国中を走って、丁度相棒を返しに行く日…相棒(ポンコツ)の命運は尽きた。なんの前触れもなくブレーキが作動しなくなった(絶望)。いや、前触れはあった。あったけど、前触れが長すぎてもうよくわからない! 僕は、運転していた時速でそのまま前方の車にドーン‼ 幸いなことにケガ人は僕だけだったけど、気がつくといつもよりも口元がスースーする…。え、待って…

やばい! 怖い!! やばいやbbbbb…相棒の割れたミラーで前歯をチェックすると…ふぁ!? ない!! 前歯なくなっとるやんけえぇええぇ!!!! 意識が遠のく僕を近くのおじさんが担いでくれて、そのまま村の診療所へ。治療をしようにも、ここはカンボジア。言葉も通じないし、身体の傷もひどいし、前歯もない。旅は続けられないと思った僕は、一度日本へ帰国することにした。

帰国するなら、あーちゃんへ前もって報告しなければ…! その日、僕はあーちゃんに電話をかけて「良いニュースと悪いニュースがあるんだけど、どっちから聞きたい?」と聞いた。すると、驚きながらも「わ…悪いニュースから」という返事が。言葉で伝えるよりも、実際に見せた方が早いと思った僕は、テレビ電話に切り替えて事故について伝えた。「悪いニュースは、事故ったこと! 良いニュースは、日本に帰国します! はっはっは!!」。画面に映る傷だらけで前歯のない歯抜けの僕を見て、あーちゃんは泣き始めてしまった。事故にあったのが悲しいのか、会えるのが嬉しいのか僕には分からなかったけど、大切に思われてるんだなっていうのはちゃんと伝わってたよ。

あーちゃんのお話

ガンジス川だけは駄目!

悪いニュースって聞いて多少身構えたけど、まさか前歯がないとは思わなかったから…。あのときは画面のインパクトに驚いて、涙しか出なかったよ(苦笑)。人間ってびっくりすると声も出ないで涙が止まらなくなるんだって、あのとき初めて知ったよ。こんちゃんは他にも、アフリカに行くねって連絡が来てから2週間音沙汰なしだったことがある。もう絶対死んだと思った。分からんけどライオンとか、クマとかに食べられちゃったんだって思った。本当に捜索願いを出す直前だった…。こんちゃんからようやく連絡が来たときには、こんちゃんのお母さんに連絡して「良かったですね…」って二人で泣いてしまいそうなときもあった。

あと、私がテレビを見てたら、ガンジス川の危険性についての特集を放送していたことがあって。川には死体が浮いていて、入るとコレラ菌や赤痢菌に感染する可能性が高いとか。最悪の場合は死に至ることもあるという内容だったから、あの人なら入りかねない！って急いでこんちゃんに確認したことがあったな。「こんちゃん、ガンジス川には入っちゃダメだよ！」って言ったら「あそこは旅人の聖地だよ⁉ 俺ガンジス川でバタフライしたい！」と旅人魂を見せてきたときは、本当に殴ろうかと思った。気持ちは分かるけど、今回はこんちゃんの言うことを聞くわけにはいかない。なんとか言葉を尽くしてガンジス川に入ることを阻止しないと、最悪の場合も考えられる。「こんちゃんは、旅をしたいんだよね？ 身体を壊しに行ってるわけじゃないでしょ？ 私との将来を少しでも考えてるなら、それだけはやめて！」。そう伝えると、こんちゃんはしぶしぶ了承してくれた。一大イベントだと喜んでいたこんちゃんには申し訳ないけど、これから先も一緒にいたかったから、これだけは譲れなかったなぁ。あのとき、こんちゃんの思うようにさせてあげられなくてごめんね。でも、多分一生ＯＫは出ないから諦めてください(笑)。

あーちゃんのお話

帰ってこないなら私が行く！

当初の予定では、世界一周は1年で終わるはずだったけど、こんちゃんは前歯3本折って一度日本に帰ってきてるし、延長するんだろうなぁっていうのは薄々分かってた。でも、1年だと思っていたものがいつになるか分からない状態になるのは本当につらいもので。1年だと思ってたから我慢できてたのに！って気持ちもやっぱり湧いてくる。「あともう少し」って言われながら待ち続けるのも、もう限界だった。

あ、そうか。帰ってこないなら、私から会いに行こう。そう思い立ってから暫《しばら》くして、私は仕事を辞めこんちゃんのいるドイツへと出発することに。ちなみにすごく軽く言ったけど、私にとってはこれが初めての海外旅行。英語も話せないし、飛行機の乗り換えもできない。こんな状態で本当に到着できるのか？

という不安はあったけど、会いたいんだから仕方ない。こうして、重いバックパックを背負って、中学生レベルの英語を外国の人に笑われながら、16時間かけてなんとか到着することができた。

飛行機を降りて、こんちゃんの待つ到着口へ！　途中、道が分からなくなって、まわりにいた人に聞いてみたけど、もちろんなんて言ってるのかはさっぱり（笑）。そして、私が迷いながら到着したのはなぜか〝搭乗口〟。…は、反対だ。本来、搭乗口からは出られないはずなのに、なぜかスルスルと外へと出られる道を見つけた私はもはや天才だったのかもしれない。そこから2時間知らない土地で彷徨《さまよ》って、やっとの思いで再会することができた。半年ぶりにドイツで会ったこんちゃんは髪が伸びていて、野良犬みたいだったなぁ。

会えたのは嬉しかったけど、ブログでこんちゃんの旅の様子を見ていた私は、不安も感じていた。こんちゃんがしていた旅は、言ってしまえばハードモード。日本じゃ考えられないけどスリや強盗、時にはナイフを向けられることもあると聞いた旅の日常。初めて海外に来た私が、そんな過酷な環境で生きていけるのか…？と心配していたけど、どうやら、こんちゃんは私のことを思って、比較的治安のいい場所を選んでまわってくれていたみたいで、命の危険を感じるようなことはなく、むしろ初海外は楽しかった。

命の危険は感じない…とは書いたけど、貧乏旅なのは変わらない。段ボールを敷いて空港やバス停で寝ることも多く、人が行き交う通り沿いで寝たこともあった。そんな旅行、絶対嫌！と思う人もいるかもしれないけど、私にとってはこれが初めての海外旅行で、「こんなもんなのかなぁ…！」って感想しかなかった（笑）。

1ヶ月にわたり4ヶ国を旅して、自分の肌で感じたからこそ分かったことがたくさんあった。雨の降った次の日は、川の水に土が混じること、荷物を枕にして寝るとひったくられないこと。他にも、ポルトガルで出会った宿の背の低いおばあちゃんに「pikinini」と言われたので、調べてみると「子ども」という意味だったり（笑）。新しい言葉を学ぶことや、その土地の文化に触れることで、アニメキャラがよく言ってる、世界は広いってやつ、本当なんだなぁという実感を得ることができた。

Correios

KON
CHAN

こんちゃんのお話

あーちゃんとのふたり旅

遠距離恋愛中に僕の記憶に一番残ってるのは、あーちゃんがドイツまで会いに来てくれたこと。本っっっ当に嬉しかった。海外の中でも、比較的治安のいい国を選んだけど、それでも日本よりはスリも多いし犯罪に巻き込まれることも多いから、あーちゃんがトラブルにあわないよう、常に目を光らせてた。電車に乗るときも、あーちゃんがよそ見してたり、眠そうにしているときには鞄から目を離さないようにしてた。

途中、空港やバス停で野宿や海外で車中泊させてしまったのは、素直に貧乏で申し訳ない…と思ったけど、日本にいるときにも車中泊とかは普通に受け入れてくれてたし。実際、文句のひとつも言われなくて、この人とならずっと一緒にいられるかもって思ったよ（旅人としても）。

ヨーロッパは安宿でも共同キッチンが付いているところが多くて、物価が高くて外食できない僕らは、二人で毎晩自炊してた。中国産の激安ラーメン（30円）にはかなりお世話になったし、冷凍食品のハンバーグを買って食パンで挟んで食べたり、小麦粉からうどんをつくったこともあった。そんな中でも、あーちゃんは「野菜食べなきゃ駄目！ 栄養取って！」と言って、毎晩サラダを出してくれた。当時、パスタか肉しか食べてない僕にとって半分母ちゃんみたいな存在になってた…（笑）。

あーちゃんが日本に帰国する前日、僕はスペインの街で「お土産に好きなの何でも買ってやるぞ！」と言った。あーちゃんにとっては初海外だったから、最後くらいカッコいいところを見せるつもりだったけど、「こんちゃん、私これがいい！」って言いながら持ってきたのは、1ユーロ（約120円）のおもちゃの指輪だった。あのとき…あーちゃんの優しさと貧乏な自分のみじめさで涙が出てきた。あの指輪、もうサビちゃったのにまだ持っててくれてる。

あーちゃんのお話

未来の話をしょう

こんちゃんが、旅に出る前に私との思い出を作ってくれたのも、毎週日曜日に聞いてねってボイスメッセージを渡してくれたのも、すごく嬉しかった。私のために何ができるかって、必死に考えてくれたんだなって伝わったし、寂しいときに振り返れるのも良かった。一緒に撮った写真を見返して、こんちゃんのブログを読むのが毎日のルーティンワークになってたのが懐かしい(笑)。

残すだけじゃなくて、リアルなやりとりも忘れずに続けてくれてたよね。たとえ電波が悪くても、その環境でできる最大のことをやってくれてるって分かってたから、どんなに夜遅くに電話がかかってきても、1週間連続でメールだけのやりとりだったとしても、不安にならなかった。そこで話すことといえば、「どんな家に住みたい?」とか、「日本に帰ってきたら何がしたい?」って

いう未来の話ばかり。一緒にデートできてた頃の話じゃなくて、二人のこれからについて話す時間が長かったから、余計に安心できたのかも。あのときは楽しかったねって話ばかりだったら、きっと寂しくなってたと思うな。そんな風に未来の話をして、電話切ったあとに一人で考えてると、どんどん行きたい場所が増えていって…。覚えておけないから携帯のメモにお互いメモを残したりして。で、次の電話のときにその話をするのが楽しかったな。今見てみると、なんだそれ？っていうような夢もあるけど、懐かしいから大切に残してある。

遠距離恋愛って、コミュニケーションがそこまで取れないから、思ったことは言葉にするっていうのも大切だと思う。恥ずかしがらずに愛情表現するのって最初は難しいかもしれないけど、伝えて損をすることはないから、とりあえず伝えてみてほしい。言葉にしなければ何も伝わらないと思うから。

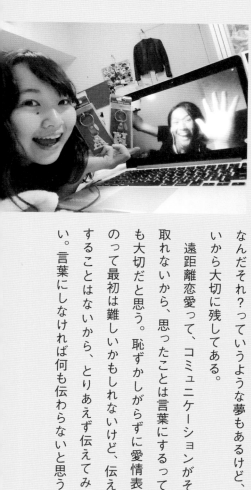

よく友だちにも言われてたけど、私はこんちゃんに待たされる立場。これは本当につらかった。でも、「彼氏が悪いんだから自分も約束破っちゃえ」って考えになるのは絶対だめだと私は思う。たとえ、遠くに行くとしても、しっかりと誠意を見せてくれている人を裏切るようなことは何があってもしてはいけないと思ってる。これは遠距離恋愛に限らないけど、恋愛は片方だけが頑張ったり、つらい思いをするのって後々不満に繋がってしまうし、それでは恋人として成立しない。恋人って夫婦みたいに法律で縛ってるわけじゃない。ただの口約束を守ってるだけの関係だから、思っているよりあっさりしていて、とても尊い関係だと私は思う。これから先も一緒にいたいなら、お互いが同じくらい愛情を伝えることを頑張るっていうのを心がけると、二人で乗り越えていける気がする！　あくまで私個人の意見だけど、遠距離恋愛をしている人、これから離ればなれになってしまう人の参考になればいいな。

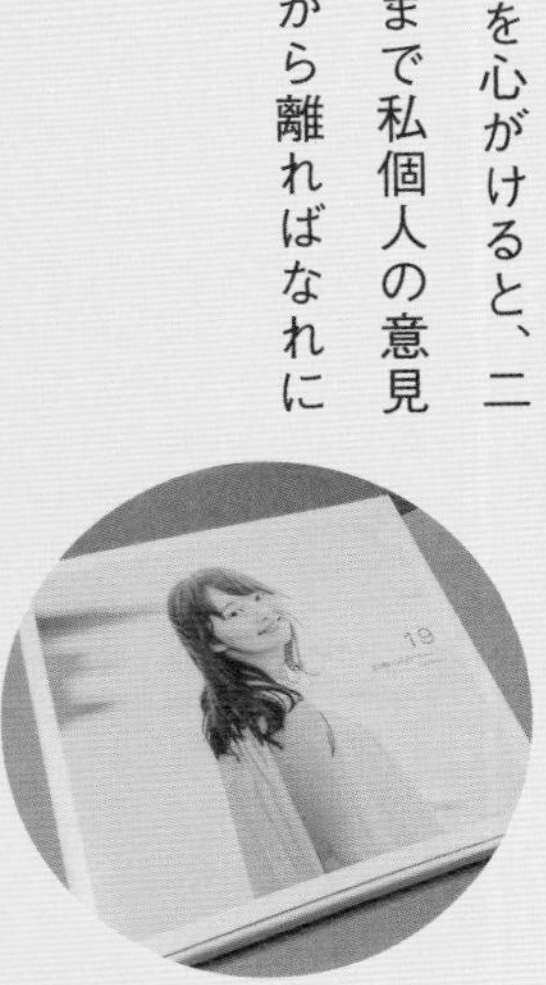

約1万7000kmの超遠距離恋愛

あかり

2人でしたいコト・行きたいトコロ

こんちゃんの仕事中(単独で覗きに笑)
公園にピクニック(六月以降希望っ！笑)
星と朝日
綺麗な海見たい！
夏祭り
花火(写真教えて)
プール
京都に浴衣か着物デートしに行きたいな(希望ね)
日間賀島とか佐久島とか！
流しそうめん
バンジージャンプ
たらそ
静岡グルメ旅(さわやか＆ななや)
青山高原(ハーブ高原、五月下旬)
寸又峡(静岡)

あかり

同棲するとしたら？
日当たりのいいところ！
冷蔵庫のマグネットは首長族の！
ラブグラフマグカップを使う

2016/12/27 22:13

あかり

2人てしたいこと、行きたいとこ part2
日本一周自転車の旅
ディズニーとユニバ！(こんちゃんといったら楽しそう！！平日いこ！！平日！！笑)
半田！！いいとこ！！笑
四季折々の名所(ひとまとめ笑)
ひたすら一日中写真スポット巡ってとりあいっこ
京都で浴衣着る
電車旅！！青春18切符！！しりとり！！！
桜の下でお昼寝ー！お弁当一緒に作ってピクニック
ひたち海浜公園のねモフィラみにいく！！ ...もっと見る

2016/10/03 13:50

近藤大真

あーちゃんに手料理作って欲しいものリスト！！
・焼うどん
・グラタン
・唐揚げ
・マジうまいオムライス
・流しそうめん
・米

2017/09/26 23:07

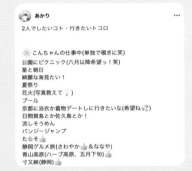

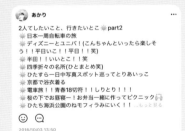

PART 2

約1万7000kmの超遠距離恋愛

Odyssey
Moroccan Interiors
FASHION & COSMETICS GRAPHICS
MUJI

Pringles

365 DAYS

24 HOURS

PART 3

撮って 笑って 旅をして

TAKE, LAUGH, TRAVEL

KON CHAN

こんちゃんのお話

きっと、僕にしかできないこと

世界一周の旅の日々を書いたブログが、たくさんの人の目に留まって「写真展を開きませんか?」という話や、「本を出しませんか?」という嬉しい話をいただけるようになった。こうして見ると、前歯3本折ったことも、全財産250円になって野宿しながら世界中の路上で写真を売ったことも、1週間以上もシャワーが浴びられなかったり、1ヶ月以上も下痢になったり、アフリカで71時間も移動し続けておけつがカッチカチになっ…(以下略)過酷な旅だったけど、本当に報われた気がした。誰かのために撮っていた写真や書いていたブログが、結果的に自分の夢に繋がった。こんなに嬉しいことはない。

帰国後、僕は写真展や書籍の制作に追われる日々を過ごした。当時、全財産6万円だった僕は写真展の費用を集めるために、人生初のクラウドファンディングに挑戦。たくさんの人に応援していただけて、なんと24時間で目標を達成。募集期間が終わる頃には、驚異の384%を超える資金を集めることができた(号泣)。こうして無事に東京、大阪、名古屋、福岡の日本4大都市で、世界一周笑顔写真展『撮って笑って旅をして』を開催することに……! たくさんの人が足を運んでくれたおかげで、総来場者数は5000人を突破した。

笑顔の写真を撮って、少しでも恩返しがしたいと思っていたのに、旅から帰るとまた自分が支えられている。きっと僕はどれだけ笑顔の写真を撮ってもこの恩を返し切ることはないんだろうな。気付かないうちに、本当にたくさんの人に支えられていた。僕が世界を旅して撮った写真はザッと4万枚。これは僕の宝物。

KON CHAN

こんちゃんのお話

YouTubeでふたり旅を発信しよう！

世界一周の旅が終わって、次に旅するならあーちゃんとふたり旅というのは、ずっと言ってたこと。世界を旅したときにブログやSNSでその様子を発信して、誰かのきっかけになれる幸せを知ってたから、旅をする＝発信するっていう価値観ができあがってたんだと思う。「僕も旅に出てみます！」とか「私も写真始めました！」って反響がもらえると嬉しいし、自分が旅をして伝えることが、誰かの人生を少しでも豊かにしていると思った。だから、ふたり旅でも当然記録に残したくて「今から始めるならYouTubeだな！　ワクワクするな～‼」なんて考えながら準備を進めてた。

そんな調子で、あーちゃんに「二人の日本一周の旅をYouTubeで発信したい！」って話すと、即却下されてしまった…。ふたり旅をするにあたって一番

大変だったのは、治安でもお金でもなく、あーちゃんの説得だった。「そんなに発信したいならこんちゃんが一人ですればいいじゃん！」とか言われてしまった（ごもっとも）。でも、あーちゃんが仕事で寝る時間も惜しんで働いたり、人間関係がうまくいかなくて悩んだりしてきたのも知ってたから、二人で何か活動できたら少しは楽になりそうって気持ちがあった。それは僕自身、出会った頃から思ってて、すごくいいタイミングがやってきたって感じてたけど…。

でも、二人だけの思い出としての動画は残してきたし、あーちゃんも喜んでくれてたけど、YouTubeで配信するっていうのは、あーちゃんにとってハードルが高いことだったんだよなあ。あーちゃんが人前に出る仕事をして笑われたこと、それから"普通"を最上の喜びとして生きてきたこと…そういう背景があったから余計に拒否反応が出てたんだろうなっていうのも分かってた。だけど、どうしても僕は自分のやりたいことを曲げられなくて、超超超説得して半ば強引にYouTubeでの配信をすることになった…ごめん、あーちゃん。

あーちゃんのお話

私たち史上、最大級のケンカ

全然ケンカはしない私たちだけど、実は一度だけ、別れ話まで発展したケンカがある。「日本を二人で旅しよう」って言われたときは、実はそんなに嫌じゃなかった。やろうと思えば人間案外出来てしまうことも分かったし、バックパッカーでの貧乏旅も楽しかったから。でも、「YouTubeで旅を配信したい」って言われたのは想定外。やっと二人でいられる時間が増えるのに、動画の編集をしていたら純粋に二人の旅を楽しめなくなるような気もしてた。

YouTubeっていっても、仕事としてやるなら彼が手を抜くことはできないっていうのも分かってた。どうせ一緒に旅行するなら仕事じゃなくて楽しい気持ち100%で行きたい。だって、元々は離れ離れだった時間を取り戻すために計画した旅だし、今まで大切にしてきた普通であることや、両親と離れる寂し

さ、仕事をどうするか…私もいろんなものを捨てたり背負ったりして、彼と過ごすために日本一周の旅を決断した。自分で言うのもなんだけど、結構大変なことだと思う。それなのに、私が絶対に嫌だって言っても諦めてくれなかった…。

しかもこんちゃんは自分のTwitterで「ふたり旅を発信するならブログかYouTube、どっちがいいですか?」みたいな質問を勝手にして、その結果YouTubeが僅差で勝利。「ほら、あーちゃん。これは配信するしかないよ!」って意味の分からん理屈を押し通そうとされたときについにぶち切れて、バレンタインデーの前日に別れるか別れないかって話にまで発展して大ごとになっちゃった。

けど、私もこんちゃんの発信によって救われてきた身で、本当に誰かの心を癒やすことができるSNSの大きさは分かってる。だから辞めさせようとは思えない。私なんかが発信だなんて、一体誰得?という気持ちは拭えなかったけど、楽しそうなこんちゃんを見てたら「しょうがないかぁ…」って気持ちになってきた。それでも簡単に苦手意識なんて全然拭えるはずもなくて、ここだけの話、YouTubeを始めて1年くらいは動画を撮るのが好きになれなかった…。

AKARI CHAN

あーちゃんのお話

影響を受けるのは悪いことじゃない

陰キャとして、インドアな生活をしてきた私が旅するYouTuberになるということを、まわりの人に理解してもらうのは難しかった。「スナフキンにでもなるの？」と笑われることもあれば、「彼氏に無理やり連れて行かれるの？」という心配をされることもあった。まぁ気持ちはわかる。

確かに今までの行動を見てみると、こんちゃんに影響されて変わったことがたくさんあると思う。正社員を辞めたことも、写真に興味を持ってカメラマンになろうと思ったことも、こんちゃんに会うために初めて海外を旅したことも。そして、YouTuberになる、日本一周の旅に出るというのも、こんちゃんと出会っていなければ絶対に選ばなかったと思う。

でも、人に影響されるってそんなに悪いことなのかな？ 最近だと、人に流

されず自分を強く持つことが大事！というような話もよく聞く。だけど、少なくとも私は、自分が変わっていくことが嬉しかったし、こんちゃんと出会ってからの生活はすごくキラキラして見えた。昔の私だったら、自分のしたことが他人にどう評価されるかということばかり気にしていたけど、今はあまり気にならない。これは、「そりゃ変なことしてたら、変に思われるわな」って開き直りに近いのかもしれないけど（笑）。誰かに影響されたとしても、新しい世界を知ることができたり、自分の人生が楽しく過ごせたりするのであれば、それはそれで素晴らしいことなんじゃないかな。私の人生は、影響を受けたことによってとても変わったけど、少なくとも悪い方に向かったとは思えない。

こんちゃんと旅に出たおかげで、私の世界は広がった。よく知っていると思っていた日本でさえ、地方特有のたくさんの文化があって、写真や映像でしか見たことのなかった絶景を見れば、感動で涙が出ることもあった。こんちゃん、私を旅に誘ってくれてありがとう。私の知らないことをたくさん教えてくれてありがとう。これからも、私と一緒に旅をしてください。よろしくお願いします！

KON CHAN

こんちゃんのお話

旅中に決めた二人のルール

僕たちはキャンピングカーで旅をすることになって、いくつか旅生活のルールを決めることにした。まず最初に決めたのは、夜ご飯は二人で250円まで‼ シンプルにお金がないのもあるけど、僕らは食費よりも、思い出にお金をかけようって決めてた。せっかくいろんな場所へ行くのに、入場料や入館料をケチってたらもったいないって。最初はどのくらい節約すればいいのか分からなくて、1玉9円のうどんを毎日のように食べてた。一人4玉も。素うどんで。あれはストイックすぎた(笑)。視聴者さんから、「もう少し栄養面を考えた方がいいよ」って言われて、いろんなレシピを教えてもらったりしてたなぁ。キャンピングカーから出ると、ドアノブにビニール袋がかけてあることがあって、中を見ると栄養補給できるゼリーとかお菓子と一緒に視聴者さんか

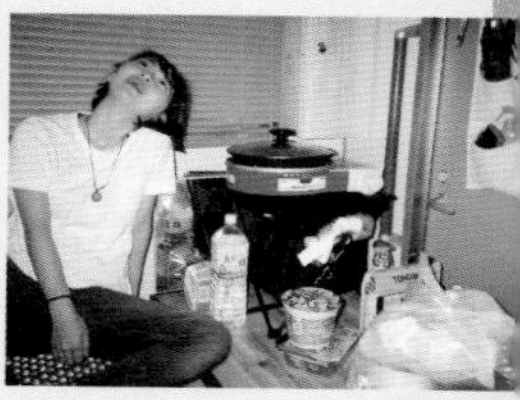

らのお手紙が添えてあったりして…みんなめっちゃ優しくない⁉ってなった。

二つ目は、夜あーちゃんがトイレに行くときには僕が必ずついていくこと！　なんだそれ？って思うかもしれないけど、車中泊できるところから、トイレまでが遠いことも結構多くて…。僕の知らない所であーちゃんがトラブルに巻き込まれることがないようにルール化決定！

最後は、お風呂は2日に1回・1時間で出てくる！　というルール。これもキャンピングカーならではの事情で、どっちかが早めに出てしまうと、待っている方が湯冷めするので、風邪をひかないようにするために、お互いにタイムラグを作らないことが大切。ルールばかりでも生活がしにくくなるから、本当に最低限のことしか決めなかった。もし、カップルでキャンピングカーの旅に出ようという人がいれば参考にしてみてください！　…これ参考になるかな（笑）。

KON CHAN

こんちゃんのお話

旅YouTuberの編集事情

YouTubeを2日に1回更新するっていうのは、旅に出る前から決めていたこと。理由としては、以前書いていたブログが毎日更新だったこと、リアルタイムで更新することによって身近に感じてもらえること。そうなると、朝〜夜まで動画を撮って、次の日には編集作業をしないといけない。大体1本の動画編集に5〜6時間はかかるから、編集する日は時間がないのでお風呂にも入らず、ただ黙々とPCをカタカタカタカタ。その間、あーちゃんが夜ご飯を作ってくれたり、都道府県別にこれから行くスポットをSNSで情報収集して考えてくれていた。

あーちゃんが「編集手伝おうか?」「カットだけでもやろうか?」って声をか

けてくれることもあったけれど、写真も動画も編集はどうしても自分の手でしたい！って思っていたから、忙しかったのは自業自得…。やっぱり、YouTubeといっても、世に出す以上は絶対に妥協したくないと思っていたから、なかなか人に任せるのが難しくて…。それに、とったびの動画編集自体は好きで、いつも「フフフｗｗｗ」てなりながら編集してる（第三者が見たら怖いと思う）。

小さいキャンピングカーでPCを使おうとすると、座椅子に座るのが精いっぱいで、腰を痛めてしまうことも…。僕は旅に出て1ヶ月足らずで、人生二度目のギックリ腰（セカンドインパクト）を発症。なので、近隣のカフェに入って、ちゃんとした椅子に座って編集作業をすることも。僕が編集をしている間、あーちゃんは車に一人になるから、「つまらなくなってないかな」と思うこともあったけど、あーちゃんはちゃっかりレンタル店でマンガを20冊ほど借りてきて楽しそうに読んでた（笑）。さすが、世界一周の彼氏を1年半待っていただけあってたくましい…。

KON CHAN

あーちゃんの裏話

こんちゃんのお話

あーちゃんと、こんなに一緒の時間を過ごせるのは初めてのことだったから、それなりに発見もあった。元々、アニメや新選組が好きなあーちゃんは推しへの愛が強すぎる…‼　日本中を旅していたから、自ずと聖地も巡礼することができたのだけど、泣きながら白虎隊や土方歳三のお墓参りをしていたり、アニメの聖地では「推しに貢ぐんだ！　1週間素うどんでもいい！」と言って、グッズやお土産を買い漁ってた…。僕より推しの方が好きなんじゃ…。

あとは、寝起き。昔から、朝が苦手なのは知ってたけど一緒に生活してみると「マジ？　こんなに起きないの⁉」って思うこともあった。予想以上に起きないのよ‼　動画で見せてるのも全然盛ったりしてるわけじゃなくて、あれがあーちゃんの等身大でリアルな姿。

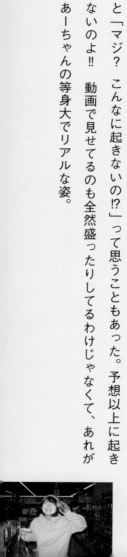

一緒に旅を始めた頃、一番驚いたのはあーちゃんの寝言。いきなり大声で「ご両家のみなさーん。こちらに目線くださーい！」って叫ぶから、マジで何事かと思って飛び起きた。それ以外にも、「当店の洋菓子いかがですか〜！」って(笑)。夢の中でも働いてて、翌朝起きると「働いてたのに夢だった…タダ働きだ…」って絶望してて…(笑)。きっと、あーちゃんは無意識に言葉になってしまうくらい、仕事を一生懸命やってきたんだな。ストレスもたくさん感じていただろうし、そのときに話を聞いてあげられなくて悪かったなって思う。だからこそ、あーちゃんは嫌がってたけど二人で旅に出たこと、YouTubeが発信できていることは結果的に良かったんじゃないかなって思ってる。ちなみに、昨日の寝言は「SNSに…支配されるな…」だった(笑)。

あーちゃんのお話

こんちゃんの裏話

こんちゃんは意外にもきれい好きなんだよね。野宿が当たり前の生活をしてたし、細菌だらけのガンジス川に入りたがってたし、靴下も履かない。でも、部屋が散らかってたりするのは嫌らしい…。うーん、謎(笑)。だから、遠出して疲れて帰ってきたときも、一息つくことなくさっさと荷物を整理し始めるから驚いた。「何、その人間性!?」って聞いたら、めっちゃ落ち込んでたなぁ。一緒に帰ってきてすぐに片付けているのを見ると、なんだか急かされている気になっちゃうんだよね。まぁ、これは性格だから仕方ないけど。

あとは…こだわりが強い! 自分が長く使うものに対してのこだわりやリサーチ力が半端じゃない。似ている商品をネットで比較して、レビューを見て、とにかく時間をかけて買うのも私にはない感覚だから見ていて不思議。だ

から物もすごく大切にする。私は安くて適当に良さげなの買えれば良いタイプだから、こだわりが持てるの羨ましいなぁっていつも思う。

私の寝言については本当にごめんの気持ち…。でも意識しても直せるものでもなかったから、こんちゃんには長いこと我慢してもらうことになっちゃったなぁ。東日本の旅が一段落したタイミングで、実家で少し休憩する時間があって、あのときに昔の職場に顔を出してみたんだよね。それまでは、絶対にお店の前を通らないようにしてたのに、なぜかあのとき行ってみようって思えた。で、行ってみたら当時一緒に働いていた人たちがいて、「久しぶりだね！ インスタ見てるよ！ 頑張ってるじゃん」って声をかけてくれた。仕事を辞めて迷惑かけて申し訳なかったとか、心苦しい気持ちがずっとあったけど、実際に会って話してみたら気持ちが晴れていった。その日から仕事に関する寝言がピタッて治まったから、精神的なものだったのかもしれないな。旅に出ている間に自分の中で変化があったのかなって思ったりもするのだけど、それはいい風に考えすぎかな？

KON CHAN

こんちゃんのお話

ジャンボな愛車

僕たちの乗っている軽キャンピングカー。その名もジャンボ。軽自動車で全然ジャンボじゃないけど、名前くらいはでっかくジャンボ。呼んでいるうちに愛着も湧いてきて、日本を旅する相棒になった。

軽キャンピングカーの利点は、荷台部分に生活スペースがあること。それ以外には、狭くて細い道もどんどん進んでいけるのがいいところ。

僕たちは写真を撮るのが好きだから、例えば「ここで星空を見たい」「朝日を迎えたい」「雨が止むまで待ちたい」とか思ったときに、時間や場所に縛られずに車の中で待機できるのがすごく助かった。もはや車が家だからね！ これが交通公共機関で旅をしていたら、なかなか融通が効かないし、わがままできないと思う。チェックインの時間も気にしていたら、きっと僕たちは写真を撮ることに集中できないだろうし。

反対に、難点を挙げるとしたら駐車場問題かなあ。キャンピングカーといってもどこにでも停めて寝ていいわけではなくて、きちんとジャンボを停めて寝られる車中泊が可能な駐車場を探して、そこまで行かなきゃならない。眠いときは結構面倒くさいけれど、旅の移動手段であって二人の家だからね。このヤドカリみたいなスタイルをまだまだ楽しみたい。

AKARI CHAN

あーちゃんのお話

インドアな私が感じた旅の魅力

こんちゃんが見せてくれた新しい景色は、私にいろんなことを教えてくれた。その中でも一番衝撃的だったのは、今まで自分があらゆることを知ったつもりだったと気付けたこと。例えば、秋田県はなまはげが有名というのは多くの人が知っていると思う。さらにいえば「子ども騙しでしょ」って大半の人が思ってるんじゃないかな。けどね、実際に「泣ぐ子はいねぇが〜!!」と低い声を上げて、目の前までやってきたなまはげは、心臓が止まるんじゃないかと思うくらい怖くて、大人だけど思わずちょっと泣いた(笑)。被災地を訪れたときも、まず最初に思ったのは「これは来ないと分からないなぁ…」ということ。そこにはテレビで切り取られた一面を見ているだけでは伝わらない空気感が確かにあった。もうある程度整備されて、普通に生活しているように思ってしまうけど、未だ色濃く災害の爪痕は深く残ってる。

そして、旅で感じたことは自分の内面を見つめることにもなる。震災が起きたとき、大変そうだなぁと思ってテレビを見たり、募金活動に協力したりはしていたけれど、それでもあの頃の自分は遠いどこかで起こった出来事として捉えてた。同じ日本で過ごしている人たちの人生が一瞬にして変わったことに、最初こそ「心配だね、大丈夫なのかな」と学校の話題も持ちきりだったけど、時間が経てば経つだけ、テレビの中の光景に慣れて、いつしか「今日も震災のニュースで特番が潰《つぶ》れるのかぁ」と思うことが増えた。でも、そう思っていたのは私だけではないはず。行ったこともない場所で、何かが起こっても私たちは他人事として捉えてしまうことが多いんじゃないかな。

けれど、旅をしてから自分の中に変化があった。旅したことのある場所で大雪が降っていると聞けば、「大丈夫かな…」と心配になる。遠く離れた土地でも地震があれば震

度を調べていることもある。旅に出て、各地の人やお店、風景を自分の目で見たから、それぞれの場所が自分と繋がりがあると思えるようになったのかもしれない。ありがたいことに私たちのYouTubeを見てくれる人が増えて、地元の人しか知らないおすすめスポットを教えてくれる方もいます。みなさんのコメントのおかげで楽しい旅を続けられたと本当に思っています。そういうやりとりも、身近に感じられる理由なんだろうなぁ。

そして、私が旅に出て良かったと思うもう一つの理由は、たくさんのことに無関心だった私の中で「やってみたい!」という気持ちが膨らんだこと。旅に出なかったら一生バンジージャンプなんてしなかったと思うし、ねぶた祭りで2時間飛び跳ねるなんて絶対にしんどいのが目に見えてるからやる訳がなかった。他にも釣りや鍾乳洞《しょうにゅうどう》の探検、秘湯巡り…。私なんかじゃ出来ないとか、やったこともないのにそんなの楽しいの?って思ってたら、見られなかった景色や吸えなかった空気があった。こんちゃんが気付かせてくれたおかげだね。本当に感謝してる。けど、絶対に登山はしたくない! あれキツそうだもん!!

AKARI CHAN

あーちゃんのお話

YouTubeをやって良かった

私はあるきっかけで、YouTubeを投稿することに乗り気じゃなかった考えを改めることになる。それはYouTubeを見てくれていた視聴者さんからの一通のDM。「生まれた子どもに、あーちゃんのように育ってほしいからあかりと名前を付けさせていただきました」というメッセージが…。ここまで書いたとおり、私は自分に自信がないし、ネガティブだし、迷惑もたくさんかけてきた。何もない人間なんです。それでも、視聴者さんが私のことを知って、その人の一番大切であろうお子さんに人生で一番最初のプレゼントとして同じ名前を付けてくれている…。それを知ってから、今までの私じゃ絶対駄目だ。何もない人間なんて口が裂けてももう言わない。その子に恥じない私でありたい！と強く思った。それと同時に、自分に少し自信が持てるようになった。お子さんの

はじめまして🙇
子どもの写真なども載せているので鍵付きのアカウントで失礼致します。
いつも旅の様子を楽しませて頂いてます！✨

静岡県在住で、ずっとメッセージを送りたくてうずうずしていました！！笑
最近子どもが産まれて、朱里と名付けました💗
あーちゃんさんみたいな明るくて芯のしっかりしている女性に育ってほしいです😊(勝手にすみません)

名前にしようって思ってもらえるくらいの何かが私にあったのかなって。それから、どんな仕事が舞い込んでも自分なんて…と断っていたような私が、書籍を出すような今の私になれた、大きなきっかけだった(もちろんネガティブ太郎なので駄々はこねてしまった)。いつかあかりちゃんに会える日が来ると良いな。

基本的に、私たちのコメント欄は平和。私がコメントを見る前に、ある程度こんちゃんが目を通して削除してくれているおかげでもあるけど(笑)。それでも応援してくれる人が多いし、コメント欄で「彼女とうまくいってないです」みたいな書き込みがあると、他の視聴者さんが励ましのコメントを書いてくれてすごく素敵なコメント欄ができることもある。そうやって、平和なコメントが繋がるのを見ると、YouTubeをやってて良かったなーってすごく思う。SNSは使い方ひとつで人を傷つけることにもなってしまうけれど、それは使う側の意識によって絶対に変わる。YouTubeを通して少しでも幸せを感じてくれる人が増えたら、私たちも嬉しいなって思う。

UNRELEASED EPISODE

あのとき二人はこうだった!?

YouTube動画の未公開エピソード集

動画にすることはなかった裏エピソードを厳選してお届け!
ファンや家族に支えられながら、これからも二人の旅は続いていく…。

EPISODE 1

あーちゃんの母、旅先まで駆けつける

ふたり旅を許したあーちゃんのお母さんでしたが、「ちゃんと食べているのか」、「無理はしてないか」と心配になり、金沢まで駆けつけたことも。ちなみにお母さんから届く仕送りには、一つ一つにコメントが書かれています。

CHECK

石川のデカ盛りごはんを食べ尽くせ!【12/日本一周】

EPISODE 2

初めて出会ったファンからもらったのは極上のお米

CHECK

【神回】富山県三大不思議を調査したら驚きの結果が!!(後編)【21/日本一周】

ちょうどこのサムネイルを撮影してるときに、初めて視聴者さんから声をかけてもらいました。農家で働く方から「うちの米はうまいから食え!」と絶品のお米をいただいて、二人で大事に食べました。

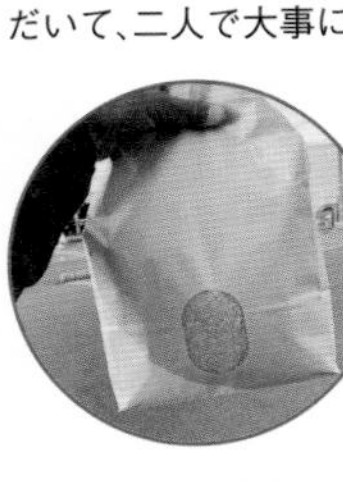

こんちゃんのYouTuber魂に怒りMAX

EPISODE 3

【緊急事態】熊の出る山奥で、車がパンクしました…。【41/日本一周】

熊の出る福島県の山奥でタイヤがパンク。あーちゃんは車の心配をする一方、こんちゃんは「動画にできる！」とルンルンでした。その様子を見たあーちゃんは「動画撮ってる場合じゃないでしょ！」と怒り爆発。

EPISODE 4

病室に泊まり込んだらジャンボより快適だった！

【日本一周中断】2週間で起きた災いの連続が酷すぎる【72/日本一周】

あーちゃんが日本一周の旅をしている最中に急性胃腸炎で入院することに。「夜の病院は怖い…」というあーちゃんのために、寝袋を用意して泊まり込んだところ「彼氏さん、住んでるね」と看護師さんに笑われました。

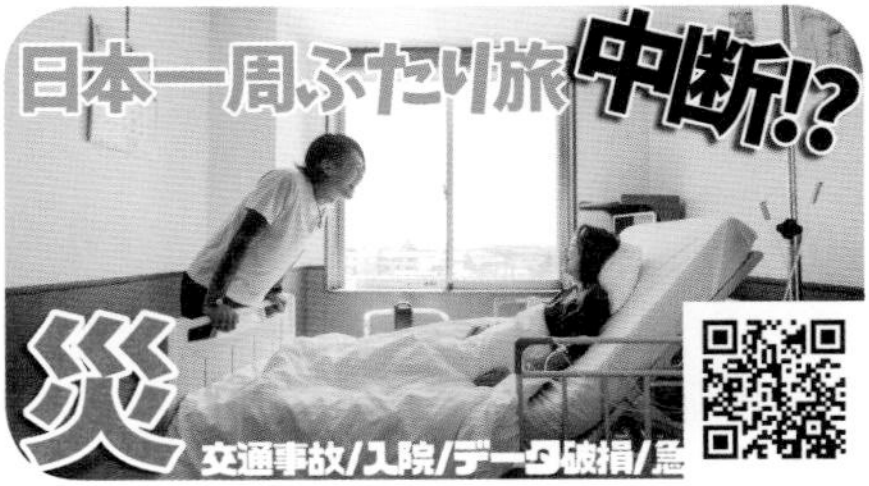

初めてのねぶた祭でオムツデビュー

EPISODE 5

ねぶた祭を目前に膀胱炎になったあーちゃん。参加したら2時間はトイレに行けないと知ったあーちゃんはオムツを装着！「こんちゃんも着けようよ！」と言われ実は二人でオムツを履いて出陣しました。

【日本一アツい祭り】ねぶた祭にカップルが本気で参加してきた!!【87/日本一周】

Take a SELFIE TECHNIC

写真家が教える スマホ自撮り映えテクニック

YouTubeのコメント欄でも多数の要望があった、写真を撮るコツについて紹介。プロが教える初心者向けのテクニックとは!?

屋内 indoor

部屋できれいに撮るにはどうしたらいいの?

1 直射日光は避けつつ太陽を生かしましょう

カーテンは適度な光を取り入れてくれるので、より自然な写真を撮ることができます。

薄手のカーテンで日光にフィルターをかけることによって、朝日の中で撮影しているような柔らかい印象になります。より自然な雰囲気になるだけでなく、肌がきれいに見えるという効果もあるのでおすすめです。

×NG

左の写真は家にある照明のみを使用して撮影しました。蛍光灯の種類によっては写真のように黄色っぽくなることも多いはずです。右の写真はカーテンを引かず直射日光を当てたもの。影のコントラストが強いのが分かります。

シンプルな部屋で印象的な写真を撮るには?

2 差し色を入れて、メリハリをつけましょう

家で撮影しているなら、洋服の色で差し色を作ってしまうのが一番簡単です。この写真では背景が白っぽいので、赤色のワンピースに着替えてみました。まったく同じ構図でも、差し色が入るだけで印象的になります。

×NG

column あーちゃん

表情を写すためのポイントは角度！

撮影のときにこんちゃんと目線を合わせると横顔しか写りません。表情を見せるために、少しカメラの方に角度をつけてあげましょう。25度から30度くらいを意識すると、右の写真のように表情がよく見えるようになります。

×NG

屋外 outdoor

動きのある写真を撮りたくて斜めに撮ってみたんだけど…

3 基本的には水平に撮るように心がけましょう

味のある写真を撮りたくて斜めにするのは初心者あるあるです。そんなときは写真を額縁に入れて飾ることをイメージしてみてください。水平の位置を保っていない写真はどこか気持ち悪さを感じてしまうはずです。

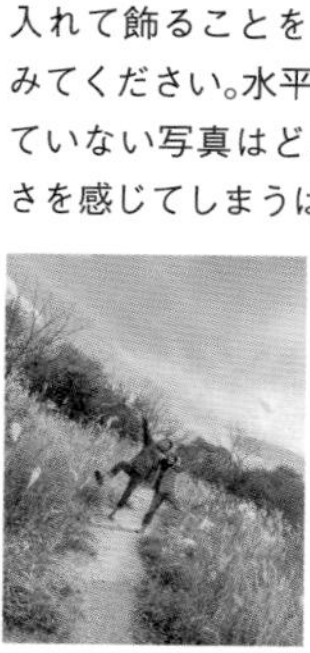

×NG

きれいなシルエット写真を撮るにはどうしたらいいの？

4 明るさを落とすことできれいなシルエットに

明るい状態で撮ると、左の写真のように白飛びしてしまってシルエットが浮かび上がりません。明るさ調整の項目を選び、全体のトーンを落としていくと、シルエットがきれいに浮かびあがります。

×NG

もっときれいに撮りたいなら、雲のない時間に！

暗いところでも表情が分かるように撮りたいんだけど…

5 その場にある明るい光源を探してみましょう

暗い場所は逆光になることも多く、撮影をためらってしまう人も多いと思います。ですが、近くにある光源を利用するだけで、鮮明に表情を捉えることができます。ぜひ自信を持って写真を撮ってみてください。

背景も人物も目立たせたい！

6 ズームして写真の情報を減らしましょう

一枚の写真の中に物体や色がたくさん入っていると、情報が増えてしまうので散漫な印象に。思い切ってズームしてみると、色味が統一されて写真に一体感が出ます。建物は見切れてしまいますが、存在感は残るので安心してください。

×NG

column こんちゃん

写真が苦手な人を撮影するときは、まず自分が笑う！

「写真を撮るよ」と言うだけで緊張してしまう人も多いはず。自然な表情が撮れないときには、撮影する側が相手をリラックスさせてあげましょう。そのためにはまず自分が笑顔になって相手の心をほぐしてあげることが大切です。

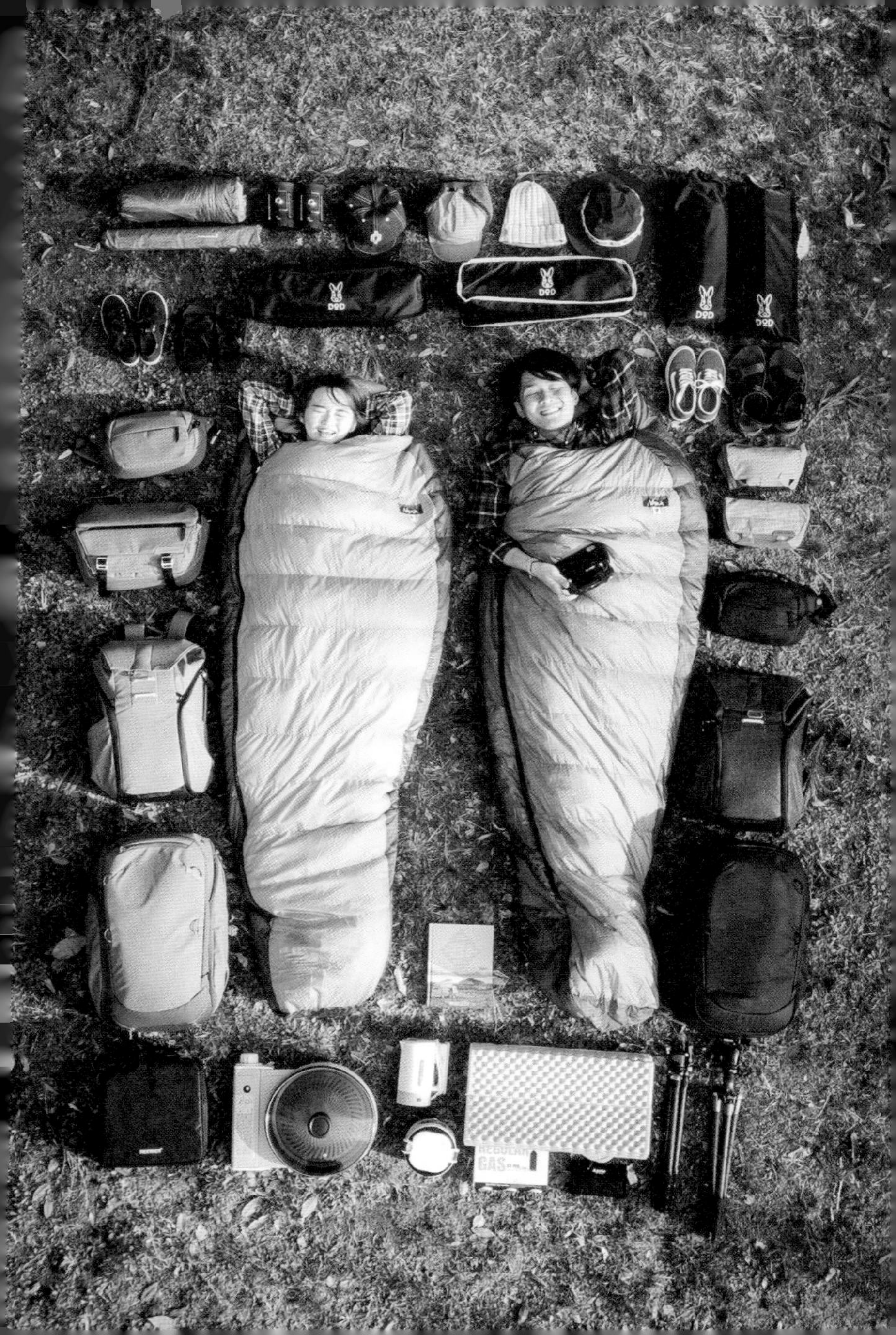

TRAVEL HOUSE
三河483
あ・2 14

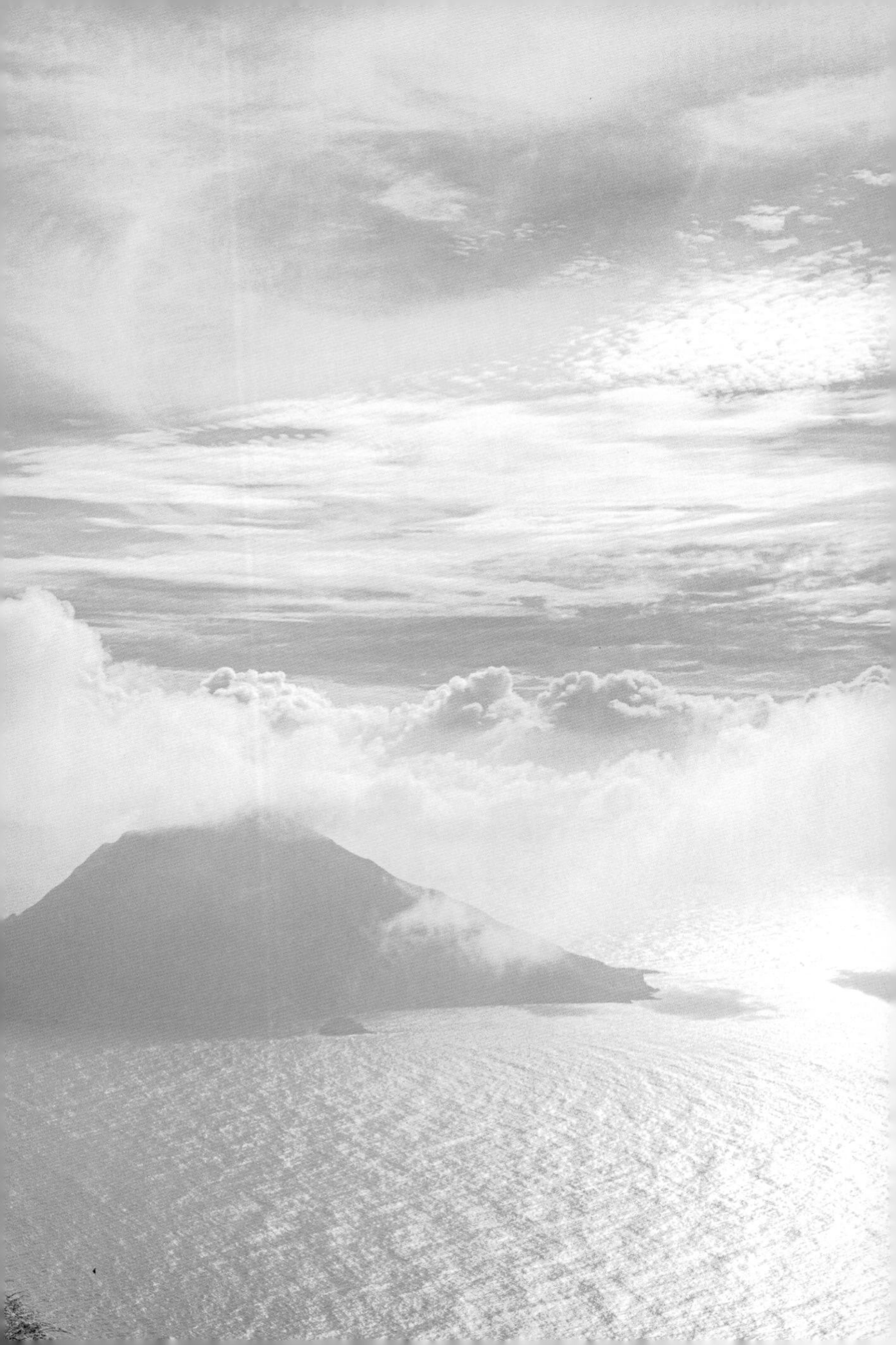

賽銭

驫木駅

365 DAYS

24 HOURS

TAKE, LAUGH, TRAVEL

PART 4

1Kで暮らす私たちが幸せでいられる理由

KON CHAN

こんちゃんのお話

あーちゃんは優しすぎる

あーちゃんは家族とすごく仲が良くて、旅に出ている間も家族やお爺ちゃん、お婆ちゃん、そして愛犬へのお土産を買ったりしてた。その優しさは、僕にもきちんと届いていて、誕生日サプライズや、毎日ご飯を作ってくれること、そして大嫌いな目薬を毎日さしてくれることもそうだよね…(毎日叫んでる)。

僕がギックリ腰になったときも、運転を代わってくれるし、身の回りのことは何でもやってくれる。体調が悪い中で編集をしようとすると、あーちゃんはPCを僕から遠ざけて、「お休みしよ(ニコッ)?」ってプロレス技をかけてくる。そんな日は、その言葉に甘えて負けることもある。それが、あーちゃんの優しさだって分かってるから。

初めてあーちゃんの優しさに気が付いたのは、付き合ってすぐの頃。あーちゃんが泣きながら電話をかけてきて「駐車場に小さいカラスが倒れてて…！　動物病院に連れて行ったんだけど害獣だから見てもらえなくて…。このままじゃ大変！　雨降ってるのにどうしよう!!」って必死に弱ったカラスを助けようとしてた。僕はあのとき、あーちゃんの泣き声を聞きながら、なんて優しい子なんだろう…天使やって思ってた。

でも、そんな天使の優しさが優柔不断に繋がってしまうときもある。「ご飯何食べたい？」って聞いても「こんちゃんの食べたいものでいいよ！」って言うし、「どこ行きたい？」って聞いても「一緒にいられればどこでもいいよ！」って返ってくる。…悩ましい！　これは悩ましい!!　確かに嬉しいけど、「なんでもいいよ！」は時として切なくなるから、たまにでもいいから何かあったら教えてほしいなあと思う。じゃないとデートが全部ラーメン屋さんになってしまう…（笑）。

あーちゃんのお話

こんちゃんはポジティブすぎる

二人で映画を観てたときのこと、何気ないワンシーンだったからこんちゃんは覚えてないかもしれないね。けど私にはすごく印象的だった出来事があった。主人公が目指していた画家になれなくて、でも友だちは成功して画廊を開くことになったとき、店の前まで行ったのに、引き返して家に帰っちゃうシーンがあった。そのとき、こんちゃんは「なんでこの子帰っちゃったの？　友だちが個展開いたなら普通行くやろ」ってキョトンとした顔で聞いてきた。「そんなの悔しくて、つらくてたまらなかったからでしょ？」と伝えても「え？　友だちが成功したのに？」と、まったく理解できない様子。私はあのとき、こんなに心のきれいな人がいるんだってとても驚いた。

こんちゃんと一緒にいると、毎回こんなことばっかり。心に負の感情が全くないから、人に対するネガティブな感覚がない。車を運転しているときもそう。割り込んでくる車がいても「あーちゃん、この人はきっとうんこ漏れそうで焦ってるんだよ」って返す。人から「近藤さんは悩みなさそうですね！」って言われても気にしてない。私だったら、「能天気だと思われたのかな」って落ち込んだりするかもしれないのに。だから、きっとメンタルを保つのも上手なんだと思う。そもそも嫌味って発想がないのかもね。

私はネガティブだから、キャンピングカーで出かけたときも、笑っている人と目が合うだけで「変な車だって笑われてたのかも…」って考えちゃうけど、こんちゃんは「友だちと楽しい話をしてるときに、たまたまあーちゃんと目が合っただけだよ！」って言ってくれる。私とは真逆の考え方だから、ポジティブに考えられるこんちゃんがすごく羨ましいし、いつも私の知らない感情を教えてくれるから心がとても軽くなる。

あーちゃんのお話

シンプルな幸せ

コロナウイルスの影響は、旅をする私たちにとってすごく大きかった。当然日本一周の旅は中断することになって、家賃3万円の激安1Kのお家に二人で住むことになった。コロナ禍でリモートワークも広がって、家庭環境が悪くなってしまったという話も聞くけれど、それも、生活様式が大きく変わったからなんだろうなと思う。

私たちの環境も大幅に変わってしまったし、大変なこともあるけれど、同棲したから増えた楽しみもある。毎週金曜日に花金と称してステーキを食べるのもそのひとつ。550gで826円のお肉を激安スーパーで手に入れて、二人で「おぉぉぉ〜!」って言いながら焼く時間が好き(笑)。床は油でベッタベタになるし、部屋の臭いは3日くらい取れないけど、お互いに1週間の頑張りを

褒め合って食べるお肉は格別。

最近はお互いダイエットしてるから頻繁にはしてないけど、深夜に二人でカップラーメン食べるのも好き。本当に美味しい。背徳感が良いスパイスなのかな？　良くないよって言われることをしているときって、美味しさもあるけど、それ以上に"楽しい"。これ、一人じゃなくて二人で食べるのも大事。気分としては共犯者（笑）。

あとは寝る時間を合わせてくれるのも嬉しい。私は夜型だけど、こんちゃんは朝型の生活。それでも、私がどうしても寝れないときは白目剥《む》きながら起きてくれる。「先に寝ていいよ」って言うと「先に寝られたら寂しいでしょ」って言って絶対寝ない。だから、寝る時間はいつも一緒。まぁ、1Kだと電気を消したときに部屋全体が真っ暗になって、作業できないっていうのもあるけど（笑）。

遠距離恋愛をしていたときには、どれもできなかったこと。だから、同じ部屋で一緒にご飯を食べられることも、毎日同じ布団で眠れることも、こんちゃんが目の前で笑ってくれることも全部嬉しい。仕事のことで言い合いになるのすら、そのときは必死だけど、遠距離恋愛をしていたことを思えば特別に思える。遠距離のときには、なるべくケンカしないようにってお互いに気をつけてたから、ほとんどケンカしなかったし。今でももちろん気をつけてはいるけど、言い合いになってでも分かってもらわなきゃって気持ちで向き合うのは、近くにいないとできないことだなって思う。

私の感じる幸せは、すごく質素でつまらないことなのかもしれない。でも私は一人で行く高級ディナークルーズより、こんちゃんとお家で食べるカップラーメンの方が美味しいと思うから、これからもこの生活を大事にしていきたいと思ってる。

KON CHAN

こんちゃんのお話

僕たちが大切にしていること

YouTubeでも仲がいいねって言われることが多い僕たちだけど、それはやっぱりお互いに気をつけていることがあるからだと思う。今回は、二人が仲良く過ごすために気をつけていることをまとめてみようと思います。こんなの当たり前だわ！って感じる人もいると思うけど、温かい目で見てやってください（笑）！

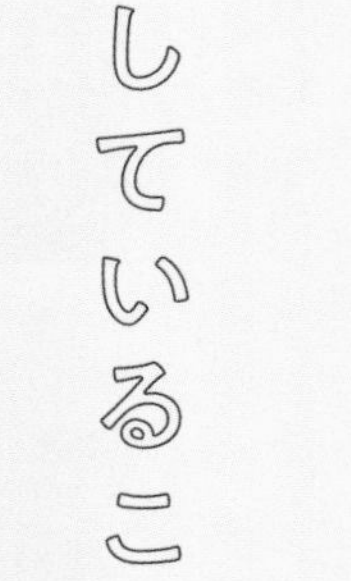

言葉で伝えることを忘れない

これは、遠距離恋愛をしていた頃からお互い大切にしていること。頻繁に連絡が取れるわけでもなかったから、感情や思っていることをきちんと伝えないと彼女が不安になってしまうと思う。男性には特に多いらしいけど、「付き合っているんだから好きに決まってるでしょ」という感覚ありません？ どんなに

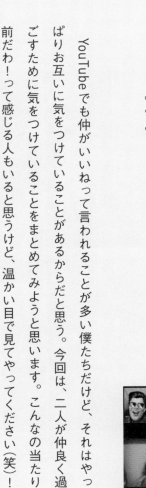

好きでも相手に伝わらなければ、それは何の意味もないと思う。僕たちは、今まで正反対のような環境で育ってきていて、自分の当たり前が相手にとっては特別なんてことが多々あった。だから自分が何を考えて、どんな気持ちになっているのかは、相手に伝えてあげた方がいいんじゃないかなと思う。

恋人は他人であることを理解する

いくら付き合っていると言っても、僕たちが他人であることは変わらない。「彼氏なんだから迎えに来て当たり前」とか、「彼女なんだから少しくらい待たせても大丈夫」ではないと思う。何かしてもらったなら「ありがとう」と感謝して、傷つけたなら「ごめんなさい」と謝る。これは人として最低限の礼儀。見知らぬ人と肩がぶつかったら謝るのに、自分の彼女には迷惑をかけても謝らないっていうのは、カッコいい男のすることではないと思う。

あとは、相手の好きなものは否定しないということ。これは僕自身、大学生のときに旅に出ることを他人に笑われたのがショックで、気をつけていることで、人生は自由。自分に好きなものがあるように、相手にも大切なものがあることをしっかり理解して、付き合った方がいいと思う。

共通の趣味を持つ

ずっと一緒にいると会話のネタがなくなってきて何を話したらいいか分からない、というのもよく聞く話。僕たちは時々、お互いに好きなものやハマっているものを紹介し合ったり、魅力を伝え合うようにしてる。例えば、僕はあーちゃんに旅やキャンプの楽しさを伝えて、反対にあーちゃんはアニメやマンガの面白さを伝えてくれた(そしてハマった)。最初から「それは好きじゃないから」と壁を作るんじゃなくて、好きな人の好きなものなら一緒に楽しめるんじゃないかな。一度トライしてみよう!って試すと意外とのめり込んでしまうことも…(笑)。おかげでアニメは『ドラえもん』しか見なかった僕が、気付けば毎晩二人でアニメ三昧な日々を送ってる…。

デート日を作る

デートをしているかーーー!!!!! 付き合って何年か経つと、出かけること自体が面倒になったり、段々と見た目にも気を使わなくなったりすると思う。これは、男女問わず実感があるのでは…!? そんなあなたにおすすめなのが、デート日を設けること! 最低でも1週間前には「この日はデートしよう!」と決めて、お互いに付き合った当初くらい気合い入れたおしゃれして、普段よりちょっと贅沢な場所へ行ってみる。仲良くなるというのは、気を許すということだと思うけど、メリハリも大事。いつもとは違う気持ちになれるデートに出かけて、楽しい思い出をたくさん作ってみてください!!

AKARI CHAN

あーちゃんのお話

対等でいるために

友だちに話して驚かれるのは、生活にかかる費用を折半していることかな。これは、日本一周の旅をする前から自然と決まってた。小さい頃から両親に「自分のものは自分で払いなさい」って言われて育ってきたのも、もしかしたら関係あるのかもしれないけど、私が嫌々払っているという感じはない。YouTubeでいただいたお金から、家賃や光熱費など二人が共同で使っているものを引いて、余ったお金を2等分することで私たちの家計は回ってます。

お金を折半している理由は、こんちゃんと対等でいたいから。一方がお金を払うのが当たり前になると、ケンカしたときにお金をいつも出している方は「生活の面倒をみてるのに」っていう気持ちが出てくると思う。逆だったら私は思ってしまうから。そうすると、お金を出してもらう人は立場が弱くなるし、言い

たいことも言えない。私は、こんちゃんに「野菜食べた方がいいよ」とか「今の言い方は傷ついたよ」って言いたいから、この仕組みは結構大事。

他にも、自分が使いたいと思ったものにお金を使えるというのも大きいかな。家計をひとつにしてしまうと、「私はこんなものいらないから買ってほしくない」という気持ちになることもあると思う。でも、お金をそれぞれが管理すれば、どんなに高いものでもお互い好きに買うことができる。こんちゃんがキャンピングカーの運転席と助手席に12万円もするシートを取り付けたことがあったけど、私としても「なんでそんなものを買ったの！」と思うことは一切ない。むしろ、私の分まで買ってくれて感謝！ 家計をまとめないから、何かを貰ったときにも相手への純粋な感謝へと繋がるのは、いいことだと思う。

もちろん夫婦にこの話は該当しないし、専業主婦は稼いでないから意見は言えないの？っていうわけじゃない。お金の話についてはそれぞれのカップルが話し合って決めることだと思うので、これがお手本というわけではありません。こんな生活もあるんだなという一例として読んでもらえると嬉しいです。

KON CHAN

こんちゃんのお話

理想の恋人ってなんだろう？

みなさんには理想のタイプってありますか？　ちなみに僕にはあります。…いや、ありました。思春期の頃に全男子が思い描く理想…同棲したら彼女（年上のお姉さん）が料理している音で目覚め、「朝だよ♡　ご飯出来てるぞ♡」って声をかけてもらって起きる朝。目玉焼きとウインナー、外には小鳥のさえずりがチュンチュ…（以下略）これぞ、全男子理想の同棲像。でも、実際に同棲してみると理想どおりにいくことなんてほとんどなかった…。現実の朝はあーちゃんが寝ている隣でバナナを1本頬張る僕…。

あーちゃんにも理想のタイプがあって、それは白いセーターを着てくれて、お洒落パーマで、色白黒髪のいわゆる草食系みたいな人らしい…対極ッッッ!!　白いセーターなんてカレー食べたら終わりや！　怖くて着られない!!　俺、天

然パーマだし！　肌黒いし‼　黒髪しか理想と一致しない‼

だけど、僕たちは今幸せに生活している。そうなれたのは、理想は置いといて、こういう関係もいいよね！ってお互いに思えたことが大きい。困っているときに助けてくれる優しさだったり、僕のことを思ってくれる愛情深さだったり…そういうところって理想をはるかに超える魅力になるんだなって感じる今日この頃。やっぱり、世界一周の旅をしている間待ち続けてくれて、「一緒に旅に行こう」と言ったらついてきてくれて、僕のやりたいことを尊重してくれて、こんないい子いないなって思う。

でもきっと、理想どおりじゃなくてもいいっていう実感は、世の中のカップルでもきっと多いはず。全部が自分の理想どおりっていう人の方が珍しいと思う。だから、いい人がいないとか思って動き出さないでいるよりも、とりあえず身近にいる人がどんな人なのか知ってみるだけでも、恋愛って動いていくことがあるんじゃないかなあ。

KON CHAN

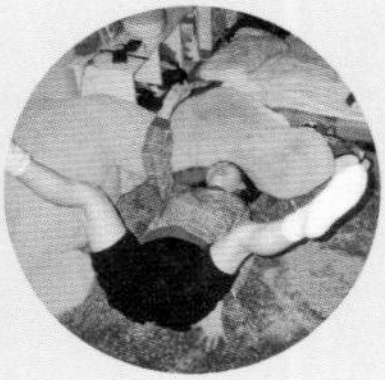

こんちゃんのお話

不満も捉え方次第で愛に変わる

一緒に過ごす時間が長ければ、それなりに不満が出てくることもあると思う。それはどんなカップルも一緒！　大切なのは、その後にどうやって方向転換していくか。

例えば、僕の場合は〞あーちゃんが朝起きてくれない〟のが悩みなんだけど、ポジティブに捉えればそれは一人の時間ができるということ！　自分が集中して編集をしたいときや、一人で散歩に行く時間にあてることで、悩みが一つ減る。他にも、〞野菜を食べさせてくる〟っていう毎日の過酷な試練があるんだけど、それも僕の身体を思ってしてくれていること。だからといって、野菜を好きにはなれないけど、頑張って食べるようにしてる（偉い）。

僕は、ご存じのとおり完全なるアウトドア派で、山登りも好きなんだけど、彼女は山登りが苦手で、相当なご褒美がないと一緒に登ってはくれない。でも、彼女の好きなマンガやアニメなら一緒に楽しめる。僕の好きなことでは一緒に楽しめないけど、あーちゃんの好きなことでなら二人が楽しめる。そう考えたら、まぁいっか！という気持ちになる。

基本的に僕たちは、相手を自分に都合のいいように変えようという意識がない（お互い頑固だから変えられないとも思う）。だからこそ、相手を変えるよりも、自分の意識を変えることで、不満って減っていくんじゃないかなと思ってる。不満って、相手が悪いから生まれるって思いがちだけど、実は往々にして自分の中から生まれるものだと思う。だって、もし朝起きないのが気にならない人だったら、あーちゃんに対して不満を感じることってないと思うし。だから、不満はあーちゃんのせいではなくて、僕が勝手に生んでいるだけ。もしも誰かに不満を感じたときはポジティブな捉え方を自分の中でしてあげると、それだけで楽になるんじゃないかなと思う。

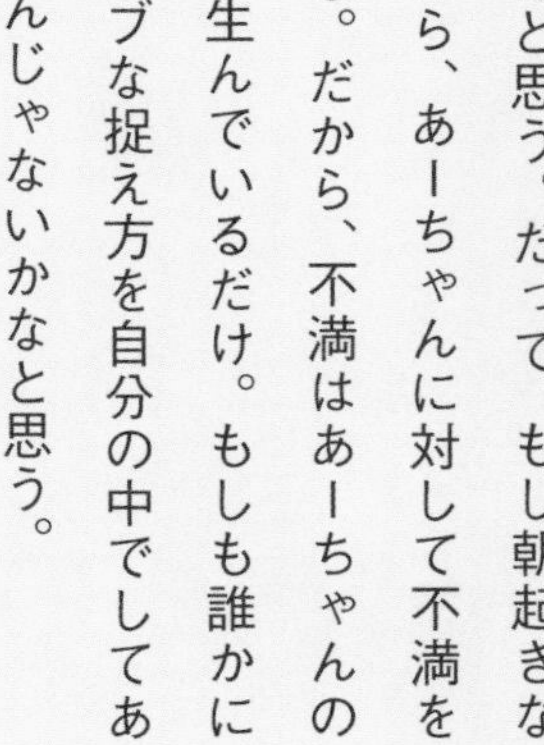

AKARI CHAN

あーちゃんのお話

短所もひっくるめて認め合う

こんちゃんは本当に野菜が嫌いで、出してもあまり積極的には食べてくれない。でも、出さなかったらそれだけ栄養は偏るだろうし、少しでもいいから食べてほしいと思ってる。「もっと食べてよ」と思うことはもちろんあるけど、こんちゃんが「食べてみたい！」って思うような料理を作れなかったってことだし、私は「次も頑張って野菜出すぞー」くらいにしか思ってないよ。

それ以外にこんちゃんの短所を挙げるとするなら…ケチ（笑）。めっちゃケチ。同棲してから何度も「洗濯機買おうよ」って言っても「いやぁ…ははっ！そろそろ旅に出るかもしれないし」って濁されてる。でも、これも言い換えると倹約家ってこと。ギャンブルもしないし、タバコも吸わないし、お酒も飲まない。そういう人だから安心して一緒にいられるんだと思う。

あとは、こだわりが強いところがあるかな。世界一周の旅に出たときも、毎日ブログを書くって決めたら絶対に休まないでやり切る。動画の編集もどれだけ腰が痛くてもやろうとする。このままだと身体壊れちゃうよって思うときには、私も本気で止めるけどなかなか言うことを聞いてくれない。ちゃんとしたものを作りたいっていう気持ちはすごく分かるんだけど、もう少し自分の身体を大事にしてほしいな。

こだわりが強い人って聞くと、自分勝手な人ってイメージもあるかもしれないけど、こんちゃんはすごく私のことを見ていてくれるなっていつも思う。重い荷物を運んでいるとサッと持ってくれるし、私がスカートをはいているときは必ずエスカレーターで後ろに立ってくれる。後ろから見えないようにしてくれてるんだって気付いたときは、ちょっとかわいらしくて笑っちゃった。相手を思いやる気持ちがあれば、短所も魅力に変わるよね。

あーちゃんのお話

理解してもらうことを諦めない

同棲してから、私が生理痛で苦しんでいるときがあった。生理中はイライラしてることが多いこともあって、旅中はできるだけ外に出てもらったりして、極力見せないようにしてた。けれどこのご時世だし1Kではそうもいかない。そこで心配してくれるこんちゃんに買い物を頼んだら、なんとうどんとポカリスエットを買ってきたことが…。指示しなかった私が悪いのだけど、まるで風邪を引いたときのようなチョイスに思わず笑ってしまった。でもそこで4年半付き合っていても、伝えなければ分からないことがある。男性には絶対に経験できないんだから分からなくて当然。勝手に調べてくれる男性もいると思うけど、大半はそうではないから「察してほしい」では駄目なんだなぁって。

女性の中でも生理痛のつらさって結構差があるから分かり合えないときもあ

あーちゃん
@akari_k22
彼氏よ。違う、、違うんだ、、
生理は風邪じゃないんだ、、！！いやありがとう！！本当にありがとう！！

るし、自分の感じている痛みや不快感を正確に伝えるのは難しいと思う。私の場合は、生理の2週間前から性格が荒くなって、生理3日前になるとイライラが強くなる。普段ならなんとも思わない言動も嫌味に捉えてしまって、そんな自分に自己嫌悪するっていう負のループ…。生理のつらいところは、痛み以外にも精神的な落ち込み、身体の冷え、肌荒れ…と、大変さが重なることだよね。

でも、そこで「男の人に分かるわけがない」って諦めてしまうのってすごくもったいないと思った。だから、自分の体調や精神状態はできるだけ教えてあげたら助かることが増える気がする。生理について話すって結構ハードルも高いと思うけど、毎月のことだし、イライラして迷惑かけることがあると思うから、物理的に距離が近くなった分こんちゃんに話すようにしてる。

YouTubeでこんちゃんに生理のつらさを体験してもらう動画を撮影したことがあるんだけど、彼はこの動画を撮影したあとすごく理解してくれるようになって嬉しかったな。同じつらさは共有できないけど、「今は大変なんだな」ということが分かってもらえただけでも、大きな一歩だと思う。

KON CHAN

こんちゃんのお話

「分からない」で逃げない

YouTubeの動画『【生理痛】彼女の痛みを理解したい…』は僕が思っていたよりもつらかった…。腰に4kgの重り、下腹部に冷えピタ×2、ベルトで腹部を締め上げて、ナプキン＋大量のジェルをたった数時間装備しただけだけど、腰の重みや生理中の不快感はとんでもなかった。それでも、実際の生理のほんの数％しか理解できないと思う。それは、普段のあーちゃんを見ている自分が一番分かる。一日中布団にくるまって、食欲もなく苦しそうにうなっている。あれが、毎月必ずやってくるんだから憂鬱《ゆううつ》になるだろうし、女性は本当に大変だと思う。僕の体験したものには、精神的な落ち込みもないし、頭痛、冷え、肌荒れもない。だから、簡単に生理について「分かった！」と言うことはできないし、

本当の意味で理解できる日はこないと思う。
生理って大変なんだよというのは、なんとなく聞いたことがあったけれど、でも…恥ずかしい話、一体何がそんなに大変なんだろうって漠然と思ってた。腰が痛いと聞いても腰痛くらいにしか考えてなかったし、ポカリやうどんを買ってきて「風邪ちゃうわ!!」とツッコまれたこともあった。
あーちゃんの言うように、男の僕には未知すぎて何も分からないというのが正直なところだと思う。だからこそ、僕は男性諸君に言いたい。あれは経験すべき!! たとえ0・2%くらいしか分からなかったとしても、「これは確かに不快だな」という実感が持てるだけでも、意味があると思う。あの不快感を知ったら、生理で苦しんでいる彼女に軽い気持ちで「ご飯作って」とか「どっか行こう」なんて絶対言えない。ほんの少しでも気持ちを理解することが出来ただけでもあの動画を撮って良かったなと思う。

あーちゃんのお話

ケンカも譲り合いが大事

ほとんど、ケンカをしない私たちではあるけれど、たまには「こらぁ!!」と思うこともある。YouTubeで案件動画(企業の広告やタイアップの動画)を作ることがあるんだけど、最初の構成案は私が考えることになってる。構成案は、お仕事をもらったときは必ず作成するんだけど、こんちゃんに毎回「撮影するまでに見て、気になったら直してね」と伝えて渡しても…全然見ない！　まぁ、見ないだけならまだいいよ。問題は、撮影しようとなってから「え、この流れおかしくない？」とか言いやがる。うぉおぉおぃ！　見とけって言っただろぉぉ！ってなるよそりゃあ(笑)。でも、こんちゃんは撮影に対してのこだわりも強いし、実際に言うとおりに直すとすごくいいものになる。それが分かっているから、撮影の方針に関しては私が折れることにしてる…。

でも、プライベートは話が別。P71の話でも紹介したけど、当時こんちゃんは私に男友だちがいるのを気にしてた。彼の周りは男友だちばかりでなぜ異性と遊ぶのかよく分からなかったみたい。恋愛感情などもとよりないけれど、異性と会ってほしくないというのは分かっていたから、男友だちと距離を置くように…。当然、遊びに誘われる機会は減って、こんちゃんが世界一周の旅から帰ったときには、男友だちは0人になってた。それでも、私の中では「こんちゃんが嫌な思いをするから」と考えて割り切っていたので、納得はしてた。

それなのにこんちゃんは出版やイベントの準備をする中で、急激に女性の方とも交流するようになった。その結果、異性に対してのハードルが下がっていき、ある日「あーちゃん！　もう男の人と遊んできても大丈夫だよ！」って笑顔で言ってきた。もちろん、うぉおぉおぉいぃ！　今さら距離を置いた男友だちと仲良くできるわけないだろぉぉぉ！って怒りが爆発(笑)。この日はもう「なんて自分勝手なんだ！」とか、「私は友だちがいなくなったんだぞ！」とかほぼ一方的なケンカになってしまいました。

私たちは1Kという間取り故に、ケンカしても逃げ場がない。だから、言い合いになったときはこんちゃんが頭を冷やすために外へ出かけたタイミングで、すぐにふて寝する（笑）。これは、おすすめできるケンカしたときの対処法。寝て起きると頭はすっかり冷えて「なんであんなことで怒ったんだろう」「私にも悪いところがあったな」ってなることも多い。でも朝起きても怒りが静まっていないなら、それはこんちゃんが悪いってこと（笑）。YouTubeをやるかやらないかで揉めたときには、お詫びの品としてバラの花束とケーキをもらったこともある。大切なのは、謝られたら必要以上に相手を責めないこと。ちゃんと許してあげることもいい関係をつくるために心がけたい。

ケンカするほど仲がいいなんて言われることがありますが、私たちは極力ケンカしたくない。自分の感情をぶつけるのって結構疲れるし、ついひどいことを言ってしまってあとから自己嫌悪に陥ることもある。勢い任せで言うことはトゲがあることが多いし、一度言われて傷ついたことって忘れない。私たちは、穏やかで平和な毎日が送れたらそれでいいかなって思う。

PART 4

1Kで暮らす私たちが幸せでいられる理由

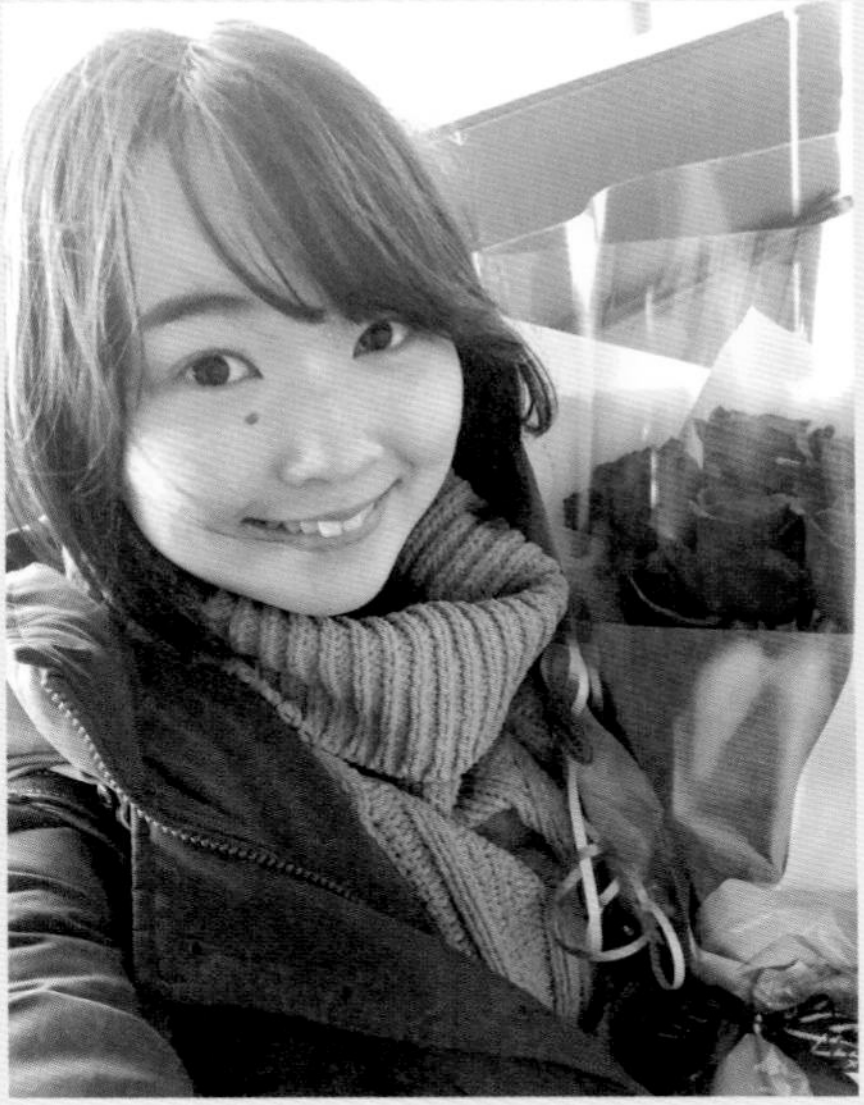

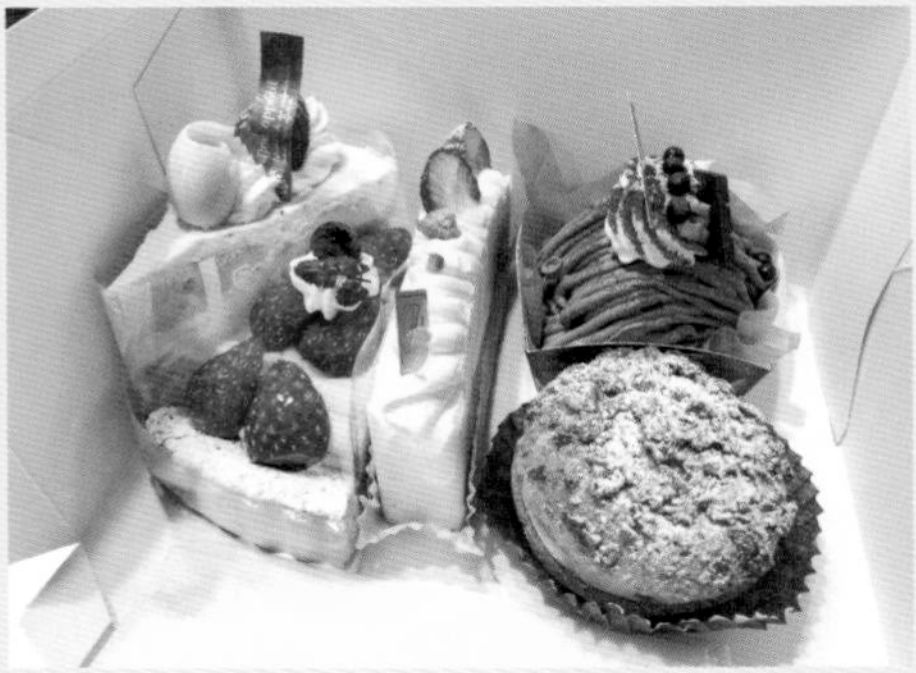

KON CHAN

こんちゃんのお話

お菓子を献上してみる

いやー、もう何も言えない（笑）。大体ケンカするときは、僕の配慮が足りてないことが多いんだろうなぁ。今、あーちゃんの言い分を読んでみても「これは怒るわ」って感じだし。すごい自分勝手で猛省中です…。

僕は、ケンカしたときには1時間くらい外を散歩するようにしてる。あーちゃんも言ってたとおり、ケンカしたままずっと同じ場所に一緒にいると、お互いに言い合いがヒートアップしてどんどん悪化しちゃう気がする。音楽聴きながら散歩をしていると段々と冷静になってきて「こういうのは男が先に謝るんだ！」と毎回思い始める。それでも素直に謝るのも恥ずかしいから、コンビニで献上品としてお菓子やアイスを買って帰って、『となりのトトロ』のカンタくんみたいに「んっ」て言って渡す。そこでいつも、あーちゃんが笑ってくれ

ていつの間にか二人で笑い合ってる（笑）。いつかのケンカで、「アイス30個買ってくれたら許してあげる！」と言われたことがあるんだけど、それもまだ献上し終わっていないから、ツケがたまっている状態…。

それでも、ケンカについてはあーちゃんの話してくれたことを含めて数回しか思い当たらない。それは、僕たちが日頃から自分の思っていることを言葉にして伝えてることが大きいのかなって思う。お互いにイライラしていると言い方がきつくなってしまうことはあるから、「今のはちょっとつらい！ 駄目！」とか、「そんな言い方されたら拗《す》ねるぞ!!」って、思ったときに言うようにしてる（笑）。だから、大体はケンカになる手前の状態で終わってるし、ケンカになったとしても、お互いが距離を置こうとか冷静になろうって思ってるから、そこまで大きくならない。

KON CHAN

こんちゃんのお話

僕の散歩論

僕は外に出ないと具合が悪くなってしまう。大げさに言っているわけではない。コロナ禍で旅にも行けず、人との交流も減り、一時は散歩すらままならない状態になっていた。そんなある日のこと、僕の全身に蕁麻疹《じんましん》…！　かゆい！　かゆすぎて我慢できない！　すぐに皮膚科へと向かったが、医者からは「外に出られないストレスかもしれないね」と言われ、僕は自分の生まれ持ったアクティブさに苦しめられることになった。このままでは、本当に具合が悪くなると思っていたちょうどその頃、緊急事態宣言が解除されて、僕は散歩へと出掛けられるようになった。…危ないところだったぜ。

散歩には、重要な役割がいくつもある。例えば、仕事が忙しくなってくると、考えないといけないことが山積みになってくる。こうなってくると「連絡返さ

ないと…」「写真撮らないと…」と、精神的に追い詰められるばかりで、全然進まない。いいアイディアも浮かんでこない！ そんなときに少し気分を変えて外へ出てみると、さっきまで悩んでいたのが嘘みたいに解決策がパッと思いついたりする。他にも、あーちゃんとケンカしたときに散歩に出ると、頭を冷やすことができるし、散歩中に公園に寄ってTwitterのリプライを返すのも大切な時間だと思ってる。旅の間に聴いていた音楽を流しながら散歩すると最高に気持ちいいんだよなぁ！ 散歩コースが決まっているわけではないけど、一度散歩に出たら5㎞歩くまでは戻らない。

たまにあーちゃんを散歩に誘うこともあるけど、インドアな彼女を外に連れ出すのはそう簡単じゃないから、もっぱら一人散歩。ほんの少し寂しい。それでも半径5㎞の旅を僕はやめられそうにない。

AKARI CHAN

あーちゃんのお話

疲れを癒やす至高のお菓子

私の一番好きなお菓子はやっぱりハイチュウ！　味は青りんご推し！　あの独特な触感がたまらんのです。コンビニに行くと、レジの近くに40円とか50円くらいで買えるお手頃なお菓子が置いてあるじゃないですか。あれも絶対に買っちゃう。「ブラックサンダーだぁぁ！」って思うといつの間にかカゴの中に入ってる。ミステリーですね、うん。お菓子や甘いものは小さい頃からずっと好きで、冬になると発売するイチゴ味のポッキーは私の中で定番商品。冬になったら避けて通れない。もう買うしかない。強制です。

甘いものは身体の疲れを取ってくれるっていうのは良く聞くと思うけど、私はこの効果を実感していた時期がある。それは、多忙なカメラマン時代。自分

のデスクの下に大きな袋に入れたブラックサンダーを確保してたから、よく同僚に「それ持って帰りなよ…」って言われてた。目が回るほど忙しかったから、食事もまともに取れないし、だんだんぼんやりしてきちゃう。そんなときにラムネと羊羹をちょっと食べると、信じられないくらい頭が回転するんだよ。アンパンマンが新しい顔を貰ったときくらい！

毎日食べるってなると、やっぱりお菓子が手ごろだけど、「今日は頑張ったよね！」っていうときはケーキを食べる。特にチーズケーキが大好きで、洋菓子店で働いていたからか、ケーキにはちょっとうるさい。私がお値段以上に美味しいと思っているのはガストのベイクドチーズケーキ。300円とは思えない美味しさだから、ぜひ食べてほしい…!! あの感動を分かち合いたい。

最近は二人でダイエットしてるからそんなに頻繁には食べられないけど、ダイエット期間に食べるお菓子が至高すぎる！ 細胞が糖分を求めて暴れ始めるのが分かるくらい。私、この世からお菓子がなくなるのって、こんちゃんがいなくなるのと同じくらい嫌かもしれないなぁ…。

あーちゃんのお話

気持ちを試すのっていいことない

たまに「こんちゃんって嫉妬とかするんですか？」って聞かれることがあるんだけど、19歳のときに一度だけ嫉妬させようとしたことがある。当時の私は高校を卒業したばかり。若いというのもあって、いつも飄々としている彼に「友だちに告白された」と伝えたら、どんな反応をするのか知りたくなってしまった。遠距離中で寂しかったのも大きかったし、嫉妬してほしいという淡い期待もあったと思う。

けれど、こんちゃんから返ってきた言葉は「そんな男とは付き合わん方がええと思うよ！」だった。いや、返答の仕方が「相談を受けた友だちか⁉」って感じ。予想は裏切られて、淡々と話を進めていくこんちゃん。「その人は旅に出たことあるの？　俺はママチャリでタイを縦断したことあるよ！　俺の方が度胸

と人情もあるね！　だから、俺の方が強いと思う！」と勝手に相手と自分を比較して勝敗を決めていくし、比較する内容も意味が分からない。ネタバラシしようと思った私にこんちゃんは「というわけで！　もうね、あーちゃんにとって俺以上の彼氏はいないんですよ！　どう⁉」って言われた（笑）。結局、嫉妬されるわけでも、怒られるわけでもなく、へにゃ～っと笑って「そんなことしなくても大丈夫！　自信を持って！」と逆に元気づけられてしまった。私たちのチャンネルで嫉妬される系の動画が極端に少ないのは、こんちゃんが動揺しないからっていうのもある。

嫉妬してる姿はかわいらしいって思うかもしれないけど、相手からすればとても嫌な気分になるし、やりすぎたら「またか…」って思われて、最悪の場合信用も薄れてしまう。そう考えたら、いいことなんてほとんどない。だから、どうしてもやりたいなら一度だけ、それ相応のお詫びの品を用意してやることをおすすめします（笑）！

あーちゃんのお話

最低限の恥じらいは持っていたい

お付き合いが長くなったり、同棲するようになるとどうしても”恥じらい“に対しての意識は薄くなるもの。汚い話かもしれないけど、一緒にいる間ずっとおならを我慢したりトイレの回数を減らすのってやっぱり身体に悪いと思う。だから、そういう生理現象についてはお互いに自然に受け入れられるといいよね。最初は、「好きな人を前にしておならなんてできない！」って思うかもしれないけど、一発かましてみよう（笑）。で、「ごめんね！」ってちゃんと言えば多分大丈夫。そこで、遠慮なしに豪快な音を立ててしまったら「おぉ…？」ってなるかもしれないけど、控えめなら許される…はず（笑）。私たちは、日本一周の旅に出て早々に、食べ物の栄養バランスが崩れたからか一日に50回くらいおならが出たことがあって…。そのおかげで（？）最初のハードルはクリアで

きたような気がしてる。

正直、こんちゃんと一緒に住んでいなかったら、きっと下着やパジャマを部屋にポイッと投げてそのままにしちゃうこともあるかもしれない。服も畳まないで積み上げてしまったり…。これは多分、世の女性は多いんじゃないかな。でも、やっぱりそこは最低限の恥じらいを持って生活したいなと思うよ。どれだけ仲良くなってもそれはお互いに同じだと思う。お風呂から出るときもそうだよね。タオルも巻かずに素っ裸でそこらへんを歩かれたら、なんかちょっと嫌だと思うし(笑)。

一緒に生活しているとお腹の調子が悪いときもあるから、そういうときは、リビングとトイレで爆音の音楽をかけて、セルフ音姫空間を作るようにしてる。なんか私、すごく恥ずかしいことばかり話してる気がするんだけど…恥じらいってなんだっけ(笑)?

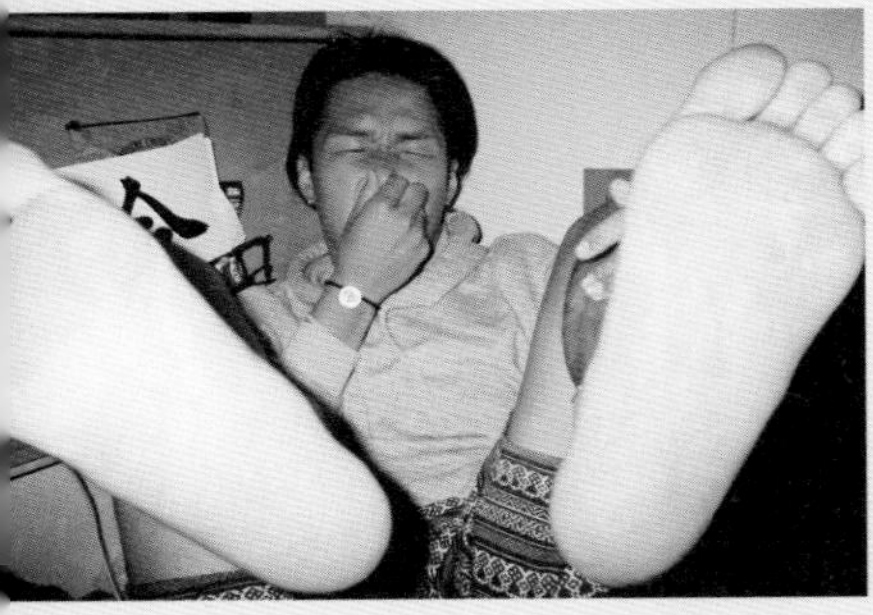

こんちゃんのお話

サプライズと思い出を大切に

僕たちは、誕生日やクリスマスのイベントをすごく大事にしてるよね。YouTubeとか関係なく、サプライズは付き合った当初からしてきたし、プレゼントもちゃんと渡すようにしてる。ボイスメッセージでも約束したように、二人の節目はどんな形でもお祝いし続けたいって思う。あーちゃんが僕のいるドイツまで来てくれて、ふたり旅をしているときにサプライズしてくれたこともあった。写真を見返すと「HAPPY BIRTHDAY」が浮かんでくるっていう(笑)。あれ、嬉しかったしすごいアイディアだなって感動した!!

言ってしまえばYouTubeも僕たちにとっては思い出を残すためにしている

という側面があるんだよね。だから、旅をしている様子も、美味しそうにご飯を食べている姿も、全部ありのままの2人。逆にそうじゃなかったら残す意味なんてない。

これからも、たくさん思い出を残していこう。お爺ちゃんとお婆ちゃんになって、今まで撮った写真や動画を見返すのもきっと楽しいよ。「死ぬまでに見終わらんぞこの量！　撮りすぎや‼　がっはっは（笑）！！！」なんて言いながら老後を過ごすのも幸せじゃない？　だからこそ、僕は動ける間に思い出を作りたい。あとで、「もっと旅をしておけば良かった」って思わなくても済むくらい、いろんな場所で思い出を残したい。今はコロナウイルスが心配だから旅に出られないけど、また旅に出られるようになったら二人で思い出を作りに行こう。その旅を見てくれた人が、また何かを始めるきっかけになったら、こんなに嬉しいことはない。これからも僕たちらしく旅をして、いろんな景色を写真に収めて、誰かに笑顔を届けていこう！

素敵な歳になりますように

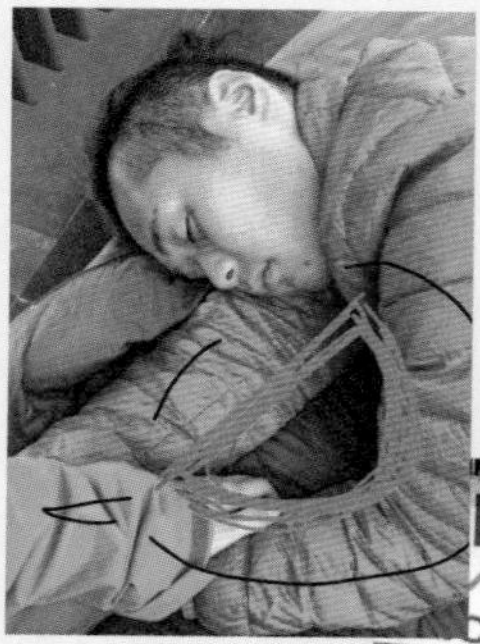

FISCAL - L
MARTÍNEZ ROMER
CÈNCIES D'OBERTURA

牛飯

KON
CHAN

1Kで暮らす私たちが幸せでいられる理由

365
DAYS

24
HOURS

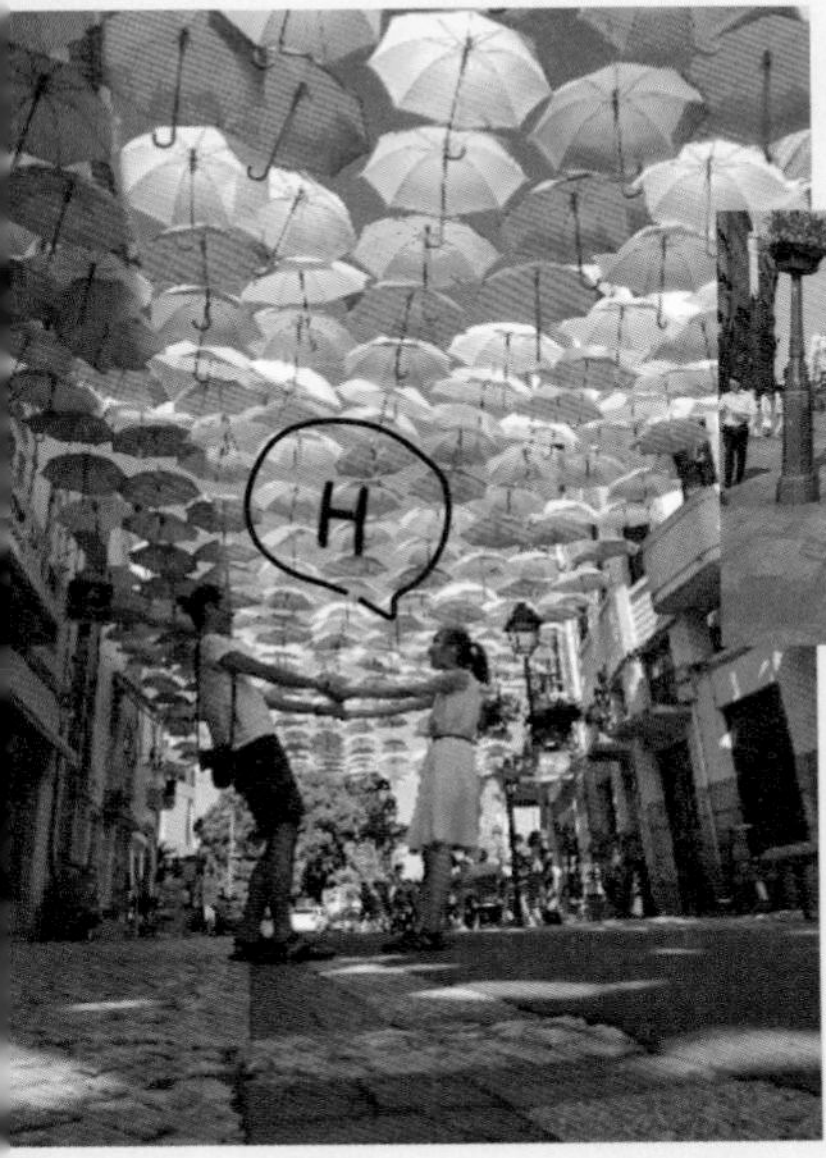

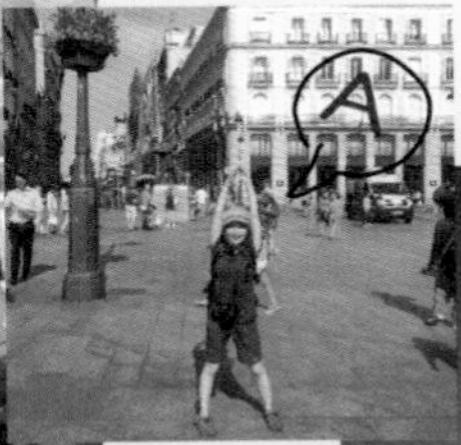

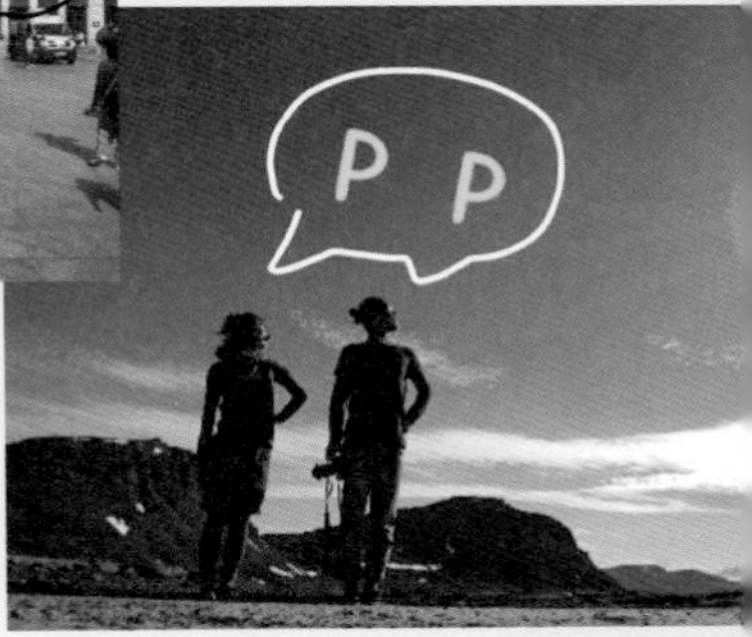

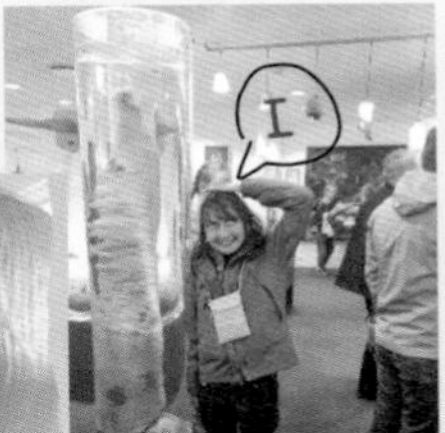

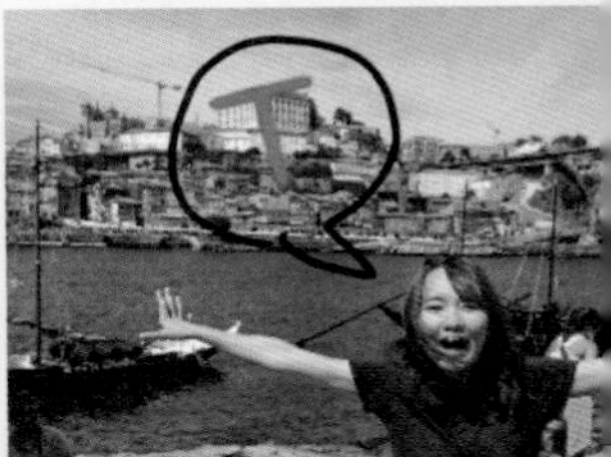

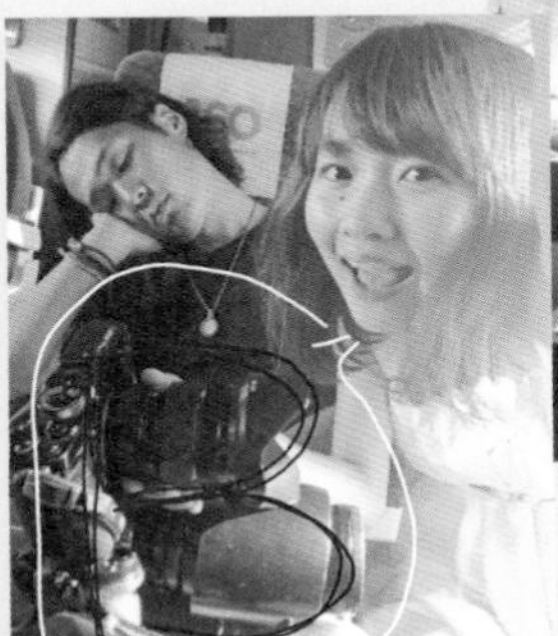

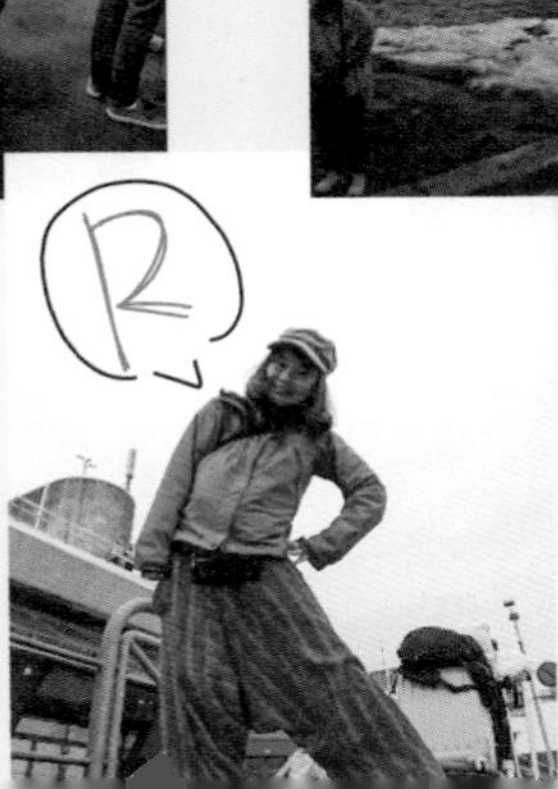

MEMORIAL ITEM

二人の思い出アイテム

二人が大切にしているアイテムには、それぞれに物語があった。
それは未来への約束と、消えることのない思い出。

KON CHAN

RING ウユニの指輪

ボリビアの通貨から作った指輪。あーちゃんの夢がウユニ塩湖に行くことだと知ったこんちゃんが、一緒に行くという約束も込めて渡したもの。

A：これはウユニ行きの切符だと思ってる。
K：あのときは一緒に行けなかったけど、
必ず連れてくよ！

PINKY RING ピンキーリング

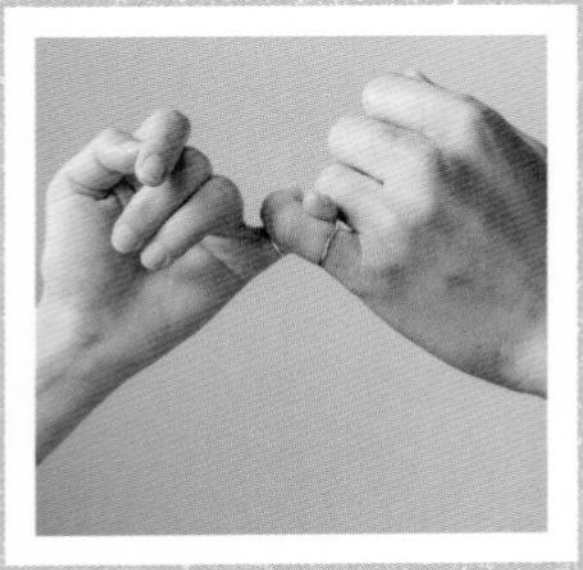

日本一周のふたり旅をしているときに、鎌倉で作ったオーダーメイドリング。お互いにクリスマスプレゼントとして贈り合った。

A：私たちはよく温泉に入るから18金で作ってもらったね。
K：その方が錆びないしずっと着けてられるからね。

ANKLET アンクレット

付き合って2ヶ月記念日にあーちゃんがこんちゃんにプレゼント。世界一周の旅から帰国したときに同じものをあーちゃんにアンサープレゼントとして贈る。

A：それぞれ二人のイニシャルと記念日が入ってるんだよね。
K：詳しくはP72へどうぞ（笑）。

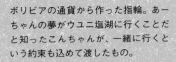

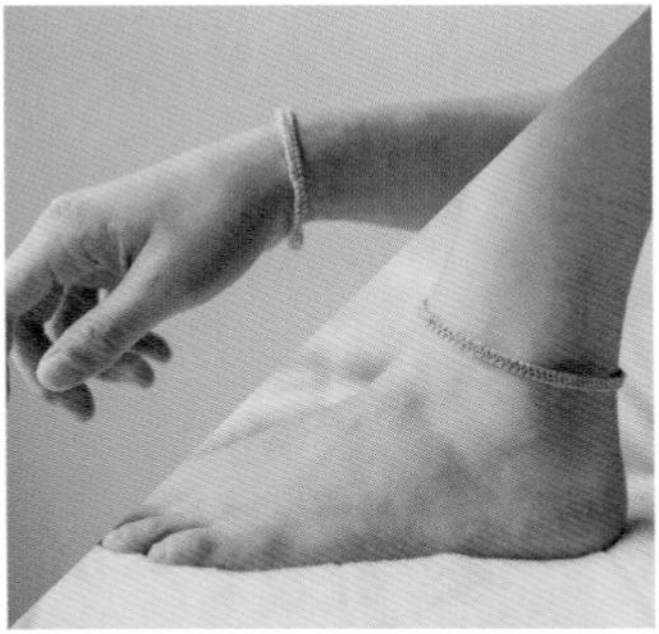

MIÇANGA
ミサンガ

世界一周旅行中にドイツであーちゃんと会えることになったときに、こんちゃんが渡した手作りミサンガ。

A：これ、最後の1本がなかなか切れないよね。

K：製作費0円なのに意外としぶとい（笑）。

CONCHO
コンチョ

ヘアゴムに付ける金属製の飾り。こんちゃんが世界一周の旅に出る前に美容師さんからお守りとしてもらった。帰国してからあーちゃんにもお揃いで渡す。

A：…これ、3回ぐらい失くしてるんだよね。ごめん（笑）。

K：失くしてもまたあげるから大丈夫！

MACRAMÉ
マクラメ

硬貨をネックレスにしたもの。あーちゃんはアイスランドの1クローナ（＝約0.8円）。こんちゃんはキューバの3ペソ（＝約12円）。

A：私は二人で旅したときに一番思い出に残った場所の硬貨！

K：僕のは、キューバの英雄チェ・ゲバラの顔が入ってる！

※大家さんのご厚意により1Kで同棲しています

せまくても

快適&愉快な1Kライフ

1Kに二人暮らしでも余裕のある暮らしが実現できる！ ミニマムサイズのお部屋にも、二人が気持ちよく生活するための工夫がいっぱいです。

①編集机・椅子

座椅子で編集作業をしていたこんちゃんは腰痛が悪化。自分の身体を労《いたわ》るために購入した椅子は、定価8万円のところ中古で1万5000円でGET。

②ホワイトボード

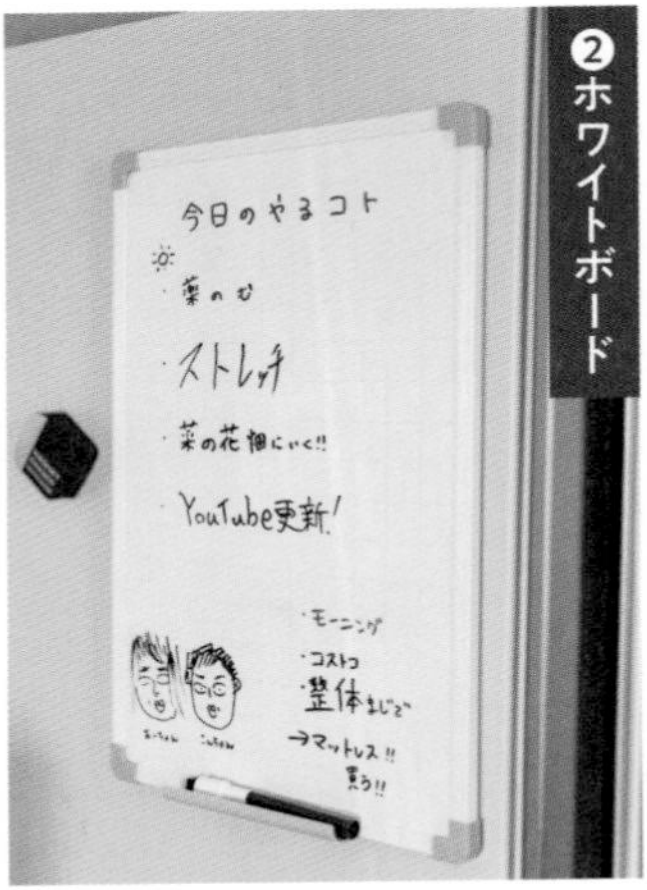

その日やることと、今月やることを記入するホワイトボード。左下に描いてある不気味な似顔絵は、かの有名な近藤画伯の作品である。

③机下収納

あーちゃんが100円ショップの素材を使用して作った机下収納。製作費はレールが2本とカゴが一つで合計300円という破格の安さ。

④おふとん

窓側はあーちゃんの定位置。寒い時期になるとこんちゃんの方に寄ってくるので、こんちゃんはよく布団から落とされるそう。

❺キッチンの机

キッチンに調理するスペースがないので購入した折り畳み式の机。最初のうちは使用後に畳んでいたが、今は面倒なので開いたままになっている。

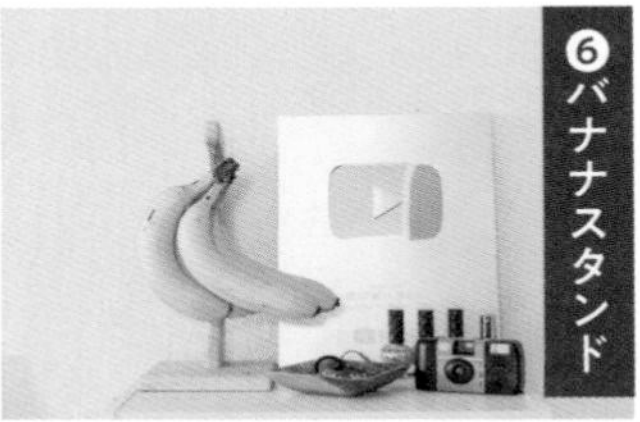

❻バナナスタンド

「バナナは触れたところから腐る」という話を聞いたこんちゃんが購入したもの。バナナがなくなると、おしゃれなオブジェになる！…らしい。

❼ゴン

付き合って1500日記念日にこんちゃんがプレゼントした全長2.5mのクマ。名前はYouTubeのコメント欄で募集し厳正なる投票選考の末、ゴンに決定。

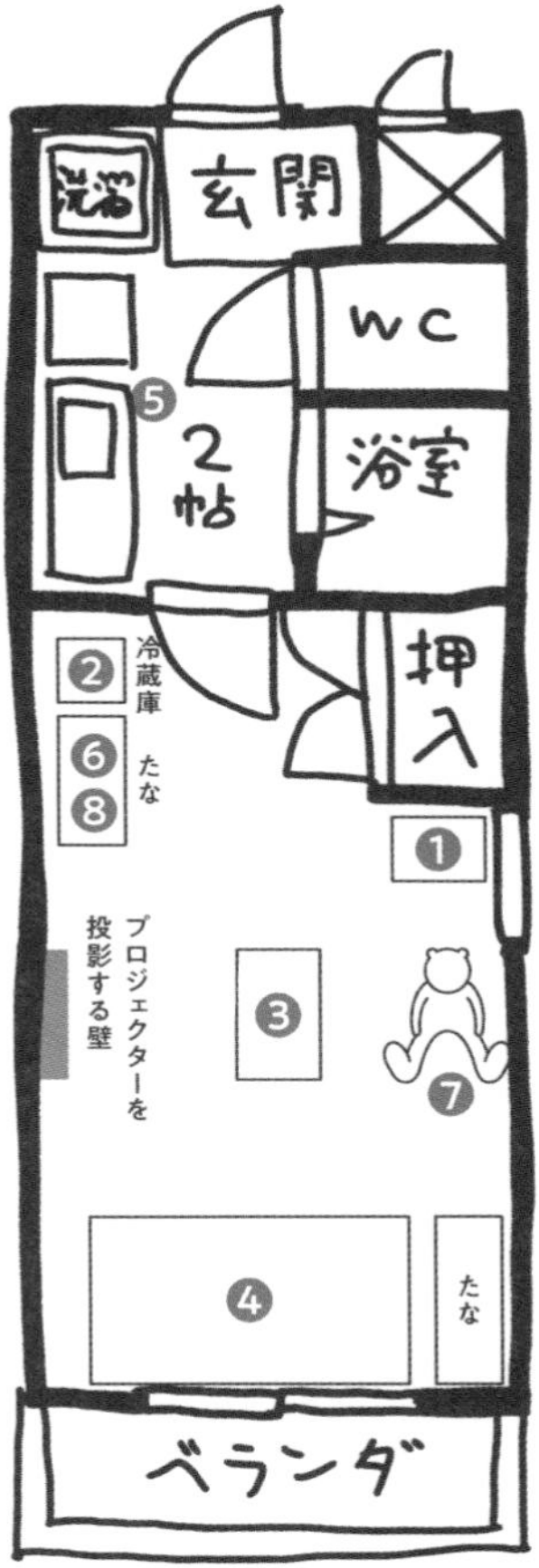

❽収納ボックス

上2段があーちゃんの持ち物、下2段がこんちゃんの持ち物に分かれている。左側面にはあーちゃんのメイク道具などを入れるカゴが設置されている。

天然水

最後まで読んでいただき、ありがとうございます。

いかがだったでしょうか？これまでのふたりの思い出と素直な気持ちをこれでもかッッッ！て程に詰め込んでみました。いやぁ～恥ずかしい!!

シンプルに恥ずかしかったです本当に!!（笑）

写真はともかくエッセイがどうしても不慣れでふっ恥ずかしくて、ふたりで時々悶絶しながら、それでも本音でストレートに綴ってみました。

付き合ってから、僕たちはいろんな経験をしてきました。楽しいことも辛いことも嬉しいことも悲しいことも、たくさんの人に見守ってもらいながら今の僕たちがいます。

僕は、自分の人生を発信することで誰かの人生を変えることが出来ると思っています。

だから、このフォトエッセイの写真や文章が誰かの何かのきっかけになれたらもう最高です。

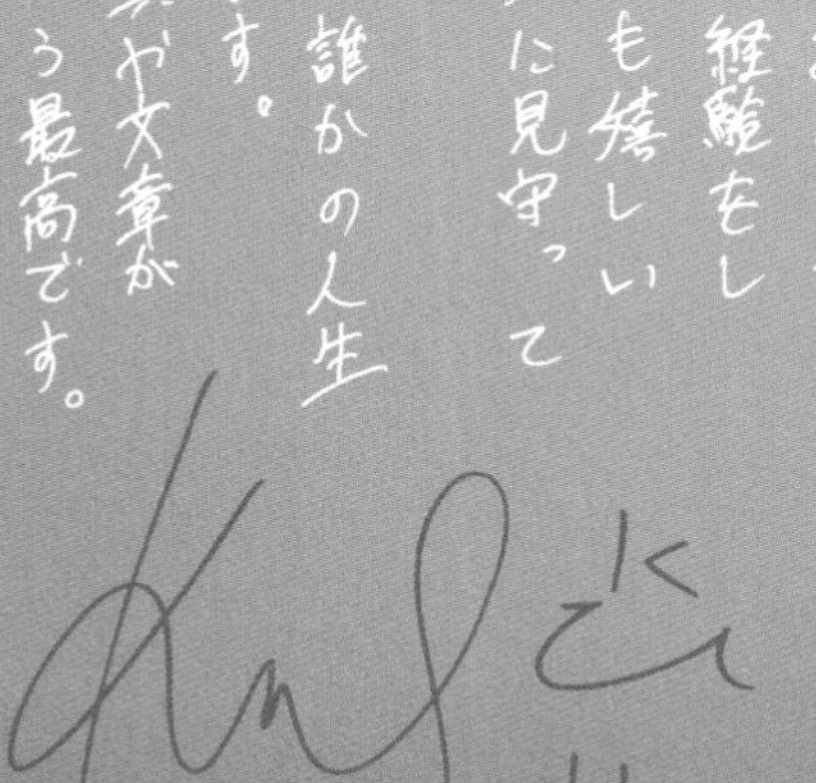

（こんちゃん担当）

僕たちは、まだまだ旅も人生も途中で未熟な
ふたりですが、これからもYouTubeや
各SNSを通して見守っていただけたら嬉しい
です。このフォトエッセイを読んでくれた人
と何処かで出会えますように。
じゃ、また世界のどこかで！

TAKE, LAUGH, TRAVEL

こんちゃん（近藤大真）
1992年生まれ
@Hiromasa_kondo
@hiromasakondo

あーちゃん
1997年生まれ
@akari_k22
@akari.k22

とったび

PROFILE

とったび

アウトドア派のこんちゃん（彼氏）とインドア派のあーちゃん（彼女）の写真家カップルYouTuber。チャンネル「とったび」（撮って笑って 旅をして）は、二人のライフワークである写真や旅、日常の様子などの動画を投稿。飾らずにほのぼのとした二人のやり取りが、“日本一癒されるカップルYouTuber”と話題になり、チャンネル開設後約1年半で登録者数は18万人を突破。こんちゃんは著書に『SMILE ～美しすぎる人類図鑑～』（大和書房）、『じゃ、また世界のどこかで。』（小社刊）がある。

STAFF CREDIT

写真　こんちゃん、あーちゃん

マネジメント　松川正人（UUUM）

デザイン・DTP　柴田ユウスケ、竹尾天輝子（soda design）

校正　麦秋アートセンター

編集・取材協力　山岸南美

編集　伊藤甲介（KADOKAWA）

365日《にち》24時間一緒《じかんいっしょ》にいる私《わたし》たちが
仲良《なかよ》しの理由《りゆう》

2021年3月19日　初版発行

著者　とったび（こんちゃん＆あーちゃん）
発行者　青柳 昌行
発行　株式会社KADOKAWA
〒102-8177　東京都千代田区富士見2-13-3
電話 0570-002-301（ナビダイヤル）
印刷所　図書印刷株式会社

お問い合わせ
https://www.kadokawa.co.jp/（「お問い合わせ」へお進みください）
※内容によっては、お答えできない場合があります。
※サポートは日本国内のみとさせていただきます。
※Japanese text only

定価はカバーに表示してあります。

ISBN 978-4-04-605132-5　C0095